HE MEAT

OASTING

ECHNIQUE OF

RENCH CUISINE

정 통 프 렌 치 셰 프 의 굽 기 테 크 닉

고기굽기의 기술
Cuisson de la viande

소 · 돼지 · 닭 · 오리 · 지비에

Florilège · Kawate Hiroyasu

용동희 옮김

GREENCOOK

이 책에서 이야기하고 싶은 것은 굽기의 중요성에 대해서이다.
고기를 구울 때는 손이 많이 가지 않아야 하며 형식은 보다 심플해야 한다.
또한 가장 알맞은 온도로 제공하기 위해 보다 신속하게 작업해야 한다.

그렇지만 조리방법이 다양해지면서 맛의 구성요소는 복잡해졌다.

모든 것은 만드는 사람의 철학, 일본의 식문화, 자연에서 얻은 식재료 고유의 맛……,
그리고 그 끝에 있는 행복을 느끼게 하기 위해서이다.

이 책이 요리를 하는 모든 사람들에게 작은 힌트가 된다면 영광이겠다.

나의 두 번째 요리책에 도움을 준 식자재업체 여러분과 플로릴레주의 스태프들에게
진심으로 감사의 마음을 전한다.

Florilège
Kawate Hiroyasu

CONTENTS

가금류&새끼토끼
Volaille & Lapereau

지 비 에 Gibier

일 러 두 기
- 각각의 고기굽기 과정 및 요리해설에는 플레이팅을 위해 잘라서 나누는 과정과 조미과정에 대한 설명을 생략하였다. 익히기 전에는 소금을 뿌리는 등의 조미를 하지 않으며(마리네이드 제외), 제공할 때 고기를 잘라서 나눈다.
- 이 책에 나오는 모든 소고기, 돼지고기, 양고기, 가금류, 지비에는 암컷을 사용한다.
- 버터는 모두 무염버터를 사용한다.
- 이 책에 나오는 '제공온도'는 먹을 때 맛있게 느껴지는 온도를 말하며, 고기에 따라 다르다.
- 레시피의 분량은 용량(cc, ㎖)이 아니라 중량(g, ㎏)으로 계량하였고, 분량을 따로 표시하지 않은 재료는 적당량을 사용한다. 또한 모든 레시피는 만들기 쉬운 분량을 기준으로 설명하였다.

재료, 굽기 방법, 요리의 관계

굽기에 대해 이야기하기 전에 먼저 내가 요리를 만드는 2가지 프로세스에 대해 설명하려고 한다. 일반적인 프로세스와는 상당히 차이가 있다.

프로세스 A는 재료에서 요리를 생각해낸다. 이것은 매우 기본적인 요리의 구축 방법이며, A를 경험하지 않고는 B를 실현할 수 없다.

프로세스 B는 형태에서 시작한다. B는 자신이 지금부터 만들려는 요리의 형태, 디자인이 명확할 때 선택하는 방법이다.

프로세스 A_ 재료

셰프들은 좋은 고기를 공급해주는 소규모 생산자들과 공존공영하지 않으면 안 된다. 플로릴레주(Florilège)의 경우, 소규모 생산자로부터 돼지고기나 양고기, 가금류나 지비에(Gibier) 등을 최대 1/2마리나 1마리 공급받고, 조류는 통째로 공급받는다.

1/2마리를 구입할 경우 매장에서 원하는 대로 자유롭게 잘라서 사용할 수 있기 때문에, 부위별로 구입할 때보다 요리에 대한 아이디어나 가능성이 다양해진다. 로스트에 사용할 수 없는 자투리 고기를 조린 다음 잘게 찢어서 소스에 사용할 수도 있고, 파르스(Farce) 등으로 사용할 수도 있다.

다만 1/2마리를 구입할 경우에는 도착하기 전까지 어떤 부위가 오는지 알 수 없다. 주재료가 도착할 때까지 기다렸다가 부재료로 사용할 제철재료들을 함께 모아놓고 어떻게 조합할지 결정해야 한다.

그런 다음 주재료인 고기를 굽는 방법을 결정한다. 나의 굽기 기준은 로스트이다. 로스트가 출발점이 된다. 우선 주재료의 상태를 확인하기 위해 반드시 자투리 고기를 구워서 맛을 본다. 향, 맛, 식감 등 모든 밸런스가 잘 맞는 것이 가장 좋다. '역시 로스트만한 것이 없는 것일까. 로스트도 괜찮지만 그리예(Griller)도 좋지 않을까' 등을 고민하며 고기를 먹어보고 판단해서 알맞은 굽기 방법을 결정한다. 그리고 디자인을 결정해서 가르니튀르(Garniture)의 형태와 조리법이 결정되면 비로소 요리가 완성된다.

프로세스 B_ 형태

프로세스 B는 내가 요리를 만드는 데 있어서 매우 중요하게 생각하는 방법이다. 이 프로세스에서는 가장 먼저 요리의 형태를 결정한다. 즉, 요리의 디자인을 먼저 정하는 것이다. 사용할 접시와 플레이팅을 머릿속에 그린 다음, 그 디자인을 실현하기 위한 재료와 소스 종류를 결정한다. 이렇게 플레이팅하기 위해서는 고기는 이런 형태로 하고, 고기에 맞는 가르니튀르는 계절감이 느껴지는 것을 선택하는 식의 흐름으로 주변 재료를 선택한다. 그런 다음 그것들을 맛있게 만들기 위한 양념과 요리방법을 결정한다. 이렇게 요리의 설계도가 완성된다.

그런데 머릿속으로 생각한 대로의 고기가 들어오면 문제가 없지만, 예외의 경우도 있다. 원인은 여러 가지가 있지만, 그중 하나는 숙성도이다. 숙성향이나 부드러운 정도가 생각한 요리와 맞지 않을 때가 있다. 이런 경우 고기와 가르니튀르의 향, 질감, 색깔의 밸런스를 맞추기 어렵다. 이때는 프로세스 A로 돌아가 다른 요리를 만들어야 한다.

요리를 변경하지 않고 약간의 변화를 주는 방법도 있다. 예를 들어 생각보다 마블링이 많은 고기라면 로스트를 그리예로 변경하는 것처럼 상황에 맞게 살짝 바꾸는 것이다. 당연한 이야기지만 요리에 맞춰 가르니튀르의 요리방법도 달라져야 한다는 것을 잊으면 안 된다.

육질이 조금 다르더라도 만들려는 요리의 이미지가 명확하다면, 예전의 경험(프로세스 A)을 살려서 요리과정 전체를 조금씩 조절하여 최상의 상태로 굽는다.

왜 덩어리 고기가 좋을까?

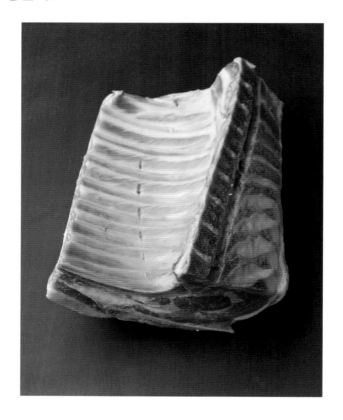

나의 굽기 기준은 앞에서 말한 것처럼 가장 경험이 많은 '로스트'이다. 다른 요리방법을 찾을 때도 로스트를 기준으로 생각한다. 고기에 맞는 굽기 방법을 선택하는 것이 아니라, 오히려 맞지 않는 방법을 제외하고 나니 알맞은 방법을 찾게 되는 것, 이것이 올바른 과정이 아닐까 생각한다. 당연한 이야기지만 로스트를 선택할 때 기본 전제는 자신의 오븐에 대해 잘 알아야 한다는 것이다.

이제 로스트에 알맞은 고기에 대해 알아보자. 고기는 크고, 어느 정도 두께가 있는 것이 적당하다. 뼈가 붙어 있는 고기라면 더욱 좋다. 뼈가 붙어 있으면 고기가 덜 수축하고, L본의 경우 두 방향에서 잡아주어 좀 더 부드럽게 익힐 수 있기 때문에 빠져나오는 육즙의 양도 적어진다.

그런데 굽기 전에 지방이나 얇은 막을 제거하는 작업도 소홀히 해서는 안 된다. 뼈가 두껍다면 열이 고르게 전달되도록 고기의 두께를 조절하는 것도 중요하다. 어느 쪽에서든 열이 고르게 전달되어야 한다.

참고로 뼈째로 굽는 경우 뼈가 휘어져 있으면 프라이팬에 닿지 않는 부분이 생긴다. 이런 경우에는 가스레인지에서 아로제(Arroser)를 하고, 오븐에 넣었을 때 되도록 뼈쪽이 높은 위치에 오게 해서 고르게 익히는 것이 중요하다.

또한 구운 다음 뼈를 제거할 때는 노릇하게 구워진 뼈를 조금 남겨서 함께 제공하는 것이 좋다.

작은 덩어리 고기를 구울 때는 오븐의 온도를 내리지 말고, 같은 온도에서 넣었다 뺐다를 반복해야 한다. 설정온도를 올렸다 내렸다 하면 온도가 안정되지 않으므로, 오히려 온도는 일정하게 유지하고 고기를 넣었다 뺐다 하는 횟수를 조절하는 쪽이 훨씬 안정적으로 온도를 유지할 수 있다.

소금을 뿌리지 않고 버터를 발라서 리솔레하는 이유는?

달군 프라이팬에 고기의 표면을 구우면 단백질이 메일라드 반응을 일으켜 구운 색과 고소한 향이 난다. 리솔레는 고기를 오븐에 넣고 굽기 전에 꼭 필요한 과정이다. 표면에 노릇하게 구운 색을 내면 고기 내부의 육즙이 좀 더 강하게 느껴지기 때문이다. 즉 감각의 낙차를 이용하는 것이다.

리솔레하기 전에는 표면에 소금을 뿌리지 않는데, 소금의 탈수작용으로 고기의 수분이 빠져나와 표면의 식감이 변하는 것을 막기 위해서이다.

또한 지방이 적은 고기(붉은 살코기나 마블링이 적은 고기, 흰 살코기 등)나 모양이 일정하지 않은 고기는 리솔레하기 전 표면에 버터를 바른다. 이것은 버터에 포함된 단백질과 지방에 의해 메일라드 반응이 촉진되어 구운 색을 더 진하게 낼 수 있기 때문이다. 전체적으로 버터를 골고루 바르면 굴곡이 있어도 구운 색과 특유의 향이 잘 나타난다.

한편 버터를 바르는 것은 경제적인 방법이기도 하다. 프라이팬에 많은 양의 버터를 녹여서 리솔레하는 것보다, 고기에 전체적으로 버터를 바르는 쪽이 버터를 적게 사용할 수 있기 때문이다.

굽기 방법은 고기의 상태에 따라 조절해야 하므로, 적정온도나 가열시간이 조금씩 달라진다. 그런데 구운 고기의 단면을 비교해보면 밖에서 중심쪽으로 그러데이션이 생기게 굽는 방법과, 그러데이션 없이 균일한 색깔로 굽는 방법으로 나눌 수 있다.

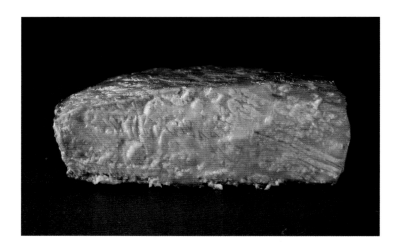

그러데이션이 생기게 단시간 굽는다

표면은 바삭하게 구워지고, 표면에 가까운 부분은 단백질이 하얗게 응고되며, 이것이 안쪽으로 갈수록 점점 색깔이 변해서 중심부분에는 아직 핑크색이 남아 있다. 그러나 중심부분의 온도는 충분히 올라간 상태이다. 자른 면에서는 육즙이 흘러나온다. 나는 이렇게 굽는 것을 '그러데이션 굽기'라고 표현한다.

그러데이션이 생기게 구우면 가열에 의해 단백질과 지방이 점점 변화하여 복잡한 맛이 생긴다. 또한 바삭한 식감과 중심부분의 살짝 레어에 가까운 식감을 모두 느낄 수 있다. 그리고 표면에는 고온가열로 메일라드 반응이 일어나 먹음직스러운 구운 색과 고소한 향이 나타난다.

그러데이션이 생기려면 높은 온도에서 단시간에 구워야 하므로, 중심부분까지 온도가 쉽게 올라가도록 지방이 속까지 촘촘하게 박혀 있는 마블링이 많은 고기를 선택해야 한다. 고온에서 내부의 마블링이 적당히 빠지고, 가열된 지방과 육즙을 맛볼 수 있기 때문이다.

따라서 마블링이 많은 소고기, 이베리코 돼지, 지방이 층층이 들어 있는 카레다뇨(Carré d'agneau) 등을 구울

때 적합한 방법이다. 또한 그러데이션 없이 굽기에 적당한 큰 덩어리 고기에 비해, 조금 두께가 얇은 고기를 구울 때 알맞은 방법이기도 하다.

사용하는 고기의 종류나 상태에 따라 다르겠지만 270℃ 오븐에서 가열하는 것이 그러데이션이 생기게 구울 때의 기준이 된다. 구운 고기의 중심온도는 70℃까지 올라간다.

이를 기준으로 제공 타이밍을 맞추기 위해 좀 더 오래 구워야 한다면 250℃로 내리고, 얇은 고기의 경우에는 290℃로 올려 단시간에 굽는 방법 등으로 조절한다. 그러데이션이 생기게 구울 경우에는 미리 구워두지 않고 제공시간에 맞춰 굽기 시작한다.

주의할 점은 지나치게 온도를 높이지 않는 것이다. 고온에서는 단시간에 열이 고기에 전달되고 당연히 남은 열도 강해진다. 그러면 맛있게 구울 수 있는 스트라이크존을 순식간에 벗어난다. 또한 고기의 단백질이 단단하게 응고되어 육즙과 지방을 밀어낸다.

중심온도를 제대로 파악하지 않으면 밸런스가 잘 맞는 그러데이션을 만들기 어렵다.

그러데이션 없이 장시간 굽는다

고기 표면은 바삭하지만 내부는 균일한 색깔로 익히려면, 저온에서 천천히 시간을 들여 가열해야 한다.

따라서 로스트비프처럼 두툼하고 큰 덩어리 고기를 익힐 때 좋다. 또한 마블링이 적은 고기, 퍼석해지기 쉬운 가금류 등의 흰 살코기, 사슴처럼 결이 거친 고기에도 적합한 방법이다.

이런 고기를 고온에서 익히면 육즙이 빠져나와 고유의 맛을 잃기 때문이다. 저온에서 오랫동안 천천히 가열하면 단백질이 단단하게 응고되지 않고, 맛있는 육즙과 향을 고기 내부에 가두어서 촉촉하고 부드럽게 완성할 수 있다.

그러데이션 없이 구울 때는 컨벡션오븐을 사용하는 경우가 많다. 조류의 코프르(Coffre)와 다리살은 60℃에서 2시간, 뼈가 붙어 있는 돼지등심(덩어리)일 경우 63℃에서 2시간 30분, 소의 붉은 살코기(500g짜리 네모난 덩어리)라면 고기를 상온으로 돌려놓은 뒤 62℃에서 1시간 30분 동안 익히는 것이 나의 기준이다.

물론, 오븐으로도 그러데이션 없이 구울 수 있다. 오븐을 사용할 경우에는 넣었다 뺐다를 반복하면 컨벡션오븐처럼 구울 수 있다.

미리 준비해둘 수 있는 것도 이 방법의 좋은 점이다. 조류의 코프르와 다리살 등은 익히는 데 시간이 걸리므로 영업 전에 리솔레하고, 남은 열을 이용해 상온으로 내려갈 때까지 고르게 익혀둔다. 그리고 영업시간에 맞춰 컨벡션오븐에 넣는다. 손님이 메인요리 전 단계를 시작할 때쯤 80% 정도까지 익혀둔다. 타이밍을 맞춰서 뼈를 제거하고 프라이팬에 껍질을 바삭하게 구운 뒤, 오븐으로 제공온도까지 올린다.

주의할 점은 80% 정도 익힌 뒤에는 가능한 한 신속하게 완성하여 요리를 제공해야 한다는 것이다. 어쩔 수 없이 시간이 지체될 경우에는 55℃ 워머에 넣어 온도를 유지하는데, 보온시간이 길어질수록 고기가 퍼석해지고 육즙과 향도 빠져나간다. 제공 타이밍이 맞지 않아 어쩔 수 없이 오래 두어야 할 경우 일단 워머에서 꺼내는데, 식으면 다시 고온으로 재가열해야 하므로 결국 고기가 퍼석해진다.

저온에서 장시간 가열하는 방법이 항상 적합한 것은 아니다. 이런 약점이 있다는 것을 잊어서는 안 된다.

또한 찬요리가 아닌 따뜻한 요리의 경우에는 미지근한 상태로 제공하지 않도록 주의해야 한다. 익히지 않은 것과 그러데이션 없이 굽는 것은 같은 것이 아니다.

굽기의 과학_ 레어, 미디엄, 웰던

그러데이션이 생기게 구운 와규 등심의 굽기 정도를 생고기, 레어, 미디엄, 웰던으로 비교하였다. 완성 사진과 고기 위에 500g 짜리 추를 올린 사진을 함께 실어서 단백질의 변성 정도나 고기의 탄력 등을 눈으로 확인할 수 있다. 각각의 고기 색깔과 향, 표면의 육즙과 지방의 모양, 탄력 등의 겉모습, 그리고 구운 고기의 향과 식감, 중심온도 등을 셰프의 감각으로 표현하였다. 또한 오랫동안 조리기구를 개발해서 가열 메커니즘에 대해 잘 아는 사토 히데미(→ p.203)가 각각의 고기에 어떤 변화가 일어 났는지에 대해 과학적인 시점에서 설명해준다.

생고기

중심온도 상온

겉모습
추가 가라앉은 채로 탄력이 거의 없다. 표면과 내부 모두 붉은색으로, 가열이 진행되면 색깔이 점점 변한다.

맛 생고기 특유의 쇠냄새가 난다.

과학의 시선
보통 고기는 굽기 전에 냉장고에서 꺼내 상온에 둔다. 차가운 고기를 구우면 표면은 구워지지만 중심부분은 계속 차갑거나, 중심부분이 따뜻해졌어도 고기가 단단하고 퍼석거리는 등 기대처럼 완성되지 않는 일이 많다.

고기 조직은 여러 개의 긴 근섬유가 콜라겐막에 싸여 다발을 이루고, 그 근섬유 다발이 다시 콜라겐막으로

싸여 있는 구조이다. 고기를 가열하여 65℃가 넘으면 콜라겐이 급격히 수축되므로, 고기는 단단해지고 막 안 쪽에 있는 근섬유에서 육즙이 빠져나온다. 육즙은 근섬유 다발 틈 사이에 고이는데, 콜라겐이 더 수축되어서 간격이 좁아지면 밖으로 빠져나온다.

고기 내부에서는 열이 전달되는 속도가 매우 느리므로, 두꺼울수록 중심온도는 올라가기 어렵다. 고기에 이가 잘 들어가는 온도는 60℃ 정도부터이며, 65℃가 넘으면 콜라겐이 수축되어 단단해진다. 겨우 5℃ 차이로 고기는 단단해지고 육즙이 빠져나오는 양도 많아진다.

냉장고에서 바로 꺼낸 고기와 상온에 둔 고기는 온도가 20℃ 정도 차이 난다. 중심온도를 20℃ 높이려면 그 주변 부위의 온도가 필요 이상 높아지고 콜라겐이 수축되는 층이 두꺼워진다. 따라서 굽기 전에 고기를 상온에 꺼내두어야 내부의 굽기 정도를 쉽게 조절할 수 있다.

레어(Rare)

중심온도 50℃ 정도

겉모습

추는 여전히 가라앉은 상태이지만 표면에 옅은 구운 색(노릇한 색~갈색에 가까운 색)이 나서 얇은 껍질이 1장 생긴 느낌이다. 표면에는 살짝 탄력이 생겼지만 눌러도 다시 제자리로 되돌아올 정도의 탄력은 거의 없다. 생고기 같은 쇠냄새는 사라지고 구운 향이 조금 난다.

구운 색이 살짝 나는 표면은 조금 축축하지만 이것은 고기에서 빠져나온 육즙이 아니라 표면의 지방이 녹은 것이다. 내부는 아직 생고기에 가까운 붉은색이다.

맛

표면에 단백질 변성이 일어났기 때문에 먹으면 은은하게 고소한 맛과 옅은 캐러멜향이 난다. 구운 면에는 이가 잘 들어가지만, 열이 전달되지 않은 내부는 아직 식감이 좋지 않고 힘줄 같은 느낌이 든다. 이 단계에서는 아직 생고기처럼 쇠맛이 느껴진다.

단백질의 변성이 내부까지 진행되지 않았기 때문에, 중심부분의 투명한 육즙은 아직 움직이지 않는다.

과학의 시선

고온의 철판에 고기를 올리면 가열면이 바로 100℃에 다다른다. 100℃가 되면 수분이 빠르게 증발하고 그로 인해 열을 빼앗겨서 한동안 온도가 올라가지 않는다.

가열면의 수분이 완전히 증발하면 온도가 다시 올라가기 시작한다. 150℃ 가까이 되면 메일라드 반응으로 생기는 갈색색소(멜라노이딘)가 눈에 보일 정도로 증가하여 구운 색이 나타난다. 또한 메일라드 반응으로 생긴 향성분도 감지할 수 있는 양이 되어 고소한 향이 나기 시작한다.

내부의 콜라겐이 수축된 부위에서 빠져나온 육즙이 표면에 배어나오는데, 육즙의 수분은 바로 증발되므로 겉보기에는 지방이 녹은 것만 보인다.

표면 바로 아래의 회갈색 또는 하얗게 보이는 얇은 층에서는 미오글로빈의 단백질 변성이 시작되었다. 고기에 이가 잘 들어가는 곳은 근섬유의 단백질이 거의 단단해진, 60℃ 이상의 부위이므로 하얗게 보이는 부위의 조금 아래쪽까지이다.

내부는 미오글로빈의 단백질이 변성되지 않았기 때문에, 색깔은 생고기에 가까운 붉은색을 띠고 쇠맛이 느껴진다. 식감은 좋지 않지만, 50℃ 이상이면 근섬유 단백질의 일부가 변성되므로 고기는 생고기일 때보다 부드럽다.

아직 콜라겐이 수축되지 않아서 육즙은 근섬유 내부에 갇혀 있다.

미디엄(Medium)

중심온도 60℃ 정도

겉모습

고기는 갈색의 구운 색이 나고 표면은 살짝 마른 상태이다. 탄력이 생겨서 추가 거의 가라앉지 않는다. 표면에서 2㎜ 정도까지 가열에 의한 단백질 응고가 진행되어, 꾹 누르면 다시 제자리로 돌아온다. 누르면 다시 돌아오는 느낌이 처음 나타난다.

단백질이 변성된 내부는 레어의 붉은색에서 진한 핑크색으로 변하기 시작했는데, 중심에는 아직 붉은색이 남아 있다. 따라서 중심부분은 아직 생고기에 가깝다고 할 수 있다.

맛

구운 색이 진해지는 현상을 메일라드 반응이라고 하는데, 이 반응이 진행될수록 여러 가지 향의 요소가 나타난다. 로스트한 커피향이나 태운 양파의 향 등이 결합되어 복잡한 향이 나기 시작한다.

표면도 물론 뜨겁지만 중심부분도 60℃ 정도까지 올라가서 좀 더 따뜻하게 느껴진다. 레어 단계에서는 표면만이었지만, 미디엄 단계에서는 내부의 단백질도 응고되기 때문에 씹는 느낌이 매우 좋아진다. 동시에 육즙도 흘러나온다. 이 단계에서는 육즙의 색깔이 아직 조금 붉은색을 띠지만, 쇠맛은 사라지고 깔끔한 맛이 난다.

과학의 시선

가열면에서는 온도가 한층 높아지고 내부에서 빠져 나온 육즙이 농축되어 당과 아미노산이 증가한다.

이로 인해 메일라드 반응이 가속화하면서 갈색색소가 크게 증가하여 구운 색이 진해진다. 동시에 향성분이 증가하고 새로운 향성분도 만들어지기 때문에, 고소한 향도 강해지고 향이 복잡해진다. 표면은 말라서 수축되고, 내부의 콜라겐이 수축된 층이 두꺼워져서 고기에 탄력이 생긴다.

표면에서 중심부분까지는 회갈색~붉은색을 띠는데, 이 색깔의 변화는 고기의 쇠맛과 단단함, 육즙의 상태 등과 관계가 있다.

중심부분(60℃ 정도)은 아직 미오글로빈이 변성되기 전이므로 생고기에 가까운 붉은색을 띠며, 쇠맛이 느껴진다. 근섬유의 단백질은 거의 굳어져서 레어보다 씹는 느낌이 좋다. 육즙은 근섬유 안에 고여 있다.

핑크색 부분(65℃ 이상)에서는 미오글로빈이 변성되기 시작하고, 또한 콜라겐도 수축되기 시작했다. 붉은색이 약해질수록 고기가 단단하고, 근섬유에서 배어나온 육즙은 근섬유 다발 틈 사이에 고여 있다. 근섬유 단백질이 열에 의해 단단해졌기 때문에 육즙에 투명한 느낌이 생긴다.

미오글로빈 속의 철분은 단백질과 결합하여 쇠맛이 없어진다. 회갈색(72℃) 부분에서는 고기가 한층 더 단단해지고 육즙이 표면으로 흘러나온다.

웰던(Well done)

중심온도 70℃ 정도

겉모습

추가 전혀 가라앉지 않는다. 표면은 구워서 응축되고 내부는 중심에서 팽창하여 부풀어오른다. 손가락으로 누르면 탱탱한 풍선과 같은 탄력이 느껴진다. 고기의 중심부분에서 되돌아오는 것처럼 느껴지는 탄력이다.

표면의 구운 색은 갈색에서 거무스름한 짙은 갈색으로 변한다. 표면의 수분이 날아가고 기름이 빠져서 살짝 마른 느낌이 난다.

단백질은 표면부터 두껍게 응고되어 하얗게 변하고, 내부는 전체적으로 옅은 핑크색으로 변했다. 변성된 고기 조직에서 투명한 육즙이 흘러나온다. 동시에 살짝 퍼석해지고 손으로 고기를 찢을 수 있게 된다.

맛

표면에서는 견과류를 구운 것 같은 고소한 향과 약간 탄 것 같은 향이 나기 시작한다.

식감은 바삭하고 매우 좋지만 표면쪽 고기는 단단하게 수축되서 육즙이 빠져나가 퍼석거린다.

자르는 순간 속에서 더운 김이 나올 정도로 전체적으로 뜨겁고, 중심부분도 70℃ 정도까지 올라간다.

과학의 시선

표면에서는 메일라드 반응이 좀 더 가속화하여 구운 색과 고소한 향이 한층 강해진다. 표면 가까이에서는 수분이 증발된 곳에 녹은 지방이 스며드는, 고기를 튀길 때와 같은 현상이 일어난다. 녹은 지방이 표면의 고기 조직에 스며들어서, 겉보기에는 지방이 빠져나가 말라 보인다.

중심온도가 70℃ 정도가 되면 중심부분에서도 콜라겐이 수축된다. 따라서 고기 내부에서도 탄력이 느껴진다. 근섬유의 단백질이 완전히 변성되어 빠져나온 육즙은 투명하고, 근섬유 다발 틈 사이를 가득 채우고 있다. 변성 전의 미오글로빈도 남아 있기 때문에 육즙은 조금 붉은색을 띤다.

단면이 전체적으로 옅은 핑크색으로 보이는 것은 고기를 자른 면이 식었기 때문이기도 하다. 75℃ 이하에서 변성된 미오글로빈은 식으면 원래대로 다시 돌아오기 때문에, 고기가 식으면 붉은색이 살짝 나타난다.

표면에서는 육즙의 수분이 활발하게 증발해서 표면보다 조금 안쪽까지 마르기 시작한다. 이 때문에 표면 가까이의 고기는 수축해서 단단해진다. 표면부터 내부까지 온도가 높은 부분(75~85℃ 이상)에서는 콜라겐의 젤라틴화가 진행된다. 근섬유를 싸고 있는 콜라겐막이 젤라틴화하면 근섬유가 흩어지기 쉬운 상태가 된다.

소고기를 구울 때 일어나는 변화 [해설_ 사토 히데미]

고기 조직

고기는 근육으로 이루어져 있고 근육은 여러 개의 근섬유(실모양의 긴 세포)로 이루어져 있다. 구조적으로는 50~150개의 근섬유가 콜라겐막에 싸여서 다발을 이루고, 이 다발이 몇십 개 모여서 다시 콜라겐막에 싸여 큰 다발이 된다. 이런 큰 다발이 또다시 콜라겐막에 싸여서 하나의 근육이 되는 것이다. 이 막은 겉보기에는 고기의 '힘줄'로 보인다. '마블링'이라고 불리는 지방은 근섬유 다발 사이에 붙어 있다.

고기의 감칠맛 성분은 주로 글루타민산과 이노신산으로 근섬유의 세포 내에 존재한다. 이것을 동시에 맛보면 상승효과에 의해 감칠맛이 더욱 강해진다.

색

생고기의 붉은색은 미오글로빈의 색이다. 이것은 철분을 함유한 헴색소(Heme pigment)와 단백질에 의해 생기며, 근섬유 세포 내에 존재한다. 미오글로빈이 많을수록 붉은색이 강해진다. 가열하면 이 단백질이 변성되고 헴색소 속의 철분이 산화되기 때문에, 고기 색깔은 회갈색으로 변한다. 미오글로빈의 열변성은 65℃ 정도에서 일어나 72℃에서 완료된다.

단단한 정도

고기는 60℃ 정도까지는 온도가 올라갈수록 부드러워지지만 이후에는 점점 단단해지고, 65℃를 넘으면 급격히 단단해진다. 이런 변화는 근육을 구성하는 3종류의 단백질의 열적 성질 차이에 의해 일어난다.

근섬유는 다수의 섬유상 단백질 사이를 수용성 단백질이 채우고 있다. 섬유상 단백질의 열응고 온도는 45~50℃ 정도이고 수용성 단백질은 56~62℃ 정도이다. 콜라겐은 65℃ 정도에서 급격하게 수축한다.

고기를 가열하기 시작하면 먼저 섬유상 단백질이 열에 의해 응고된다. 이때 수용성 단백질은 응고되지 않는다. 이 상태의 고기를 이로 깨물면 부드럽지만 식감이 좋지 않다.

56℃ 정도부터 수용성 단백질이 응고되기 시작해서 풀처럼 섬유상 단백질을 서로 들러붙게 만들기 때문에 고기가 단단해진다. 60℃ 정도가 되면 수용성 단백질이

거의 응고되어 이가 잘 들어간다. 65℃를 넘으면 콜라겐이 수축되어 고기가 급격히 단단해진다.

맛

사람은 맛성분이 물에 녹아 혀에 닿을 때 맛을 느낀다. 생고기의 수분은 세포내의 단백질에 흡착되어 있으며, 보통의 씹는 힘으로는 세포 밖으로 빠져나오지 못한다. 그래서 생고기에서는 감칠맛이 별로 느껴지지 않는다.

40℃ 정도부터 단백질이 변성되기 시작하면 물이 세포 내에서 분리되므로, 이 상태의 고기를 씹으면 세포 내에서 물이 빠져나와 혀로 감칠맛을 느낄 수 있다.

65℃를 넘으면 콜라겐막이 급격히 수축하고 근섬유의 세포 내에서 육즙(감칠맛을 함유한 물)이 빠져나온다. 세포 밖으로 나온 육즙은 근섬유나 근섬유 다발 사이를 가득 채운다. 이때 고기를 씹으면 육즙이 조직에서 빠져나와 입안에 퍼지므로 감칠맛을 충분히 느낄 수 있다.

고기의 지방은 그 자체로는 아무런 맛이 없지만 녹아서 입안에서 유화되면 고기 맛을 부드럽게 만들어주고 깊은 맛을 낸다. 지방의 녹는점은 22~37℃ 정도이다(와규는 22~30℃).

생고기 특유의 '쇠맛'은 미오글로빈 속의 철분이 침에 닿아 나타나는 것이다. 가열에 의해 단백질이 응고되면 철이 미오글로빈 속에 갇혀서 '쇠맛'이 사라진다.

구운 색과 향

고기의 구운 색은 150℃ 정도부터 나타나기 시작한다. 이것은 아미노산과 단백질 등의 아미노기와 당, 불포화 지방산 산화물 등의 카르보닐기가 화학반응으로 만들어내는 갈색색소에 의한 색깔이다. 고기 표면의 온도가 높을수록, 또는 굽는 시간이 길어질수록 화학반응이 진행되어 갈색색소가 증가하므로 구운 색이 더욱 진해진다. 이 반응을 발견자의 이름을 따서 메일라드 반응, 또는 아미노 카르보닐 반응이라고 부른다.

고소한 향도 메일라드 반응으로 생기는 500종류 이상의 성분에 의한 것이다. 주성분은 피라진류(Pyrazine, 커피나 견과류 등의 구운 향)와 티오펜류(Thiophene, 고기 향) 등이다. 향의 질과 강도는 아미노산, 당, 지방 등 고기의 성분과 가열방법에 의해 달라진다.

BŒUF

PORC

PART 1.
고기 종류별 굽기 기술과 요리

AGNEAU

VOLAILLE

LAPEREAU

GIBIER

Boeuf

—

소고기

경산우 서스테이너빌리티
p.190

아키우시 로스트와 비트 크로캉
p.40 + p.189

소고기 등심 스테이크, 리크와 견과류
p.48 + p.191

우설 콩피, 소금머랭과 커피가루
p.52 + p.191

소염통 로스트와 파프리카 파르스
p.56 + p.191

소고기 |BŒUF|

지금까지는 소고기라고 하면 마블링이 촘촘하게 박혀 있는 A5 등급의 녹는 듯한 부드러운 맛이 압도적으로 인기가 많았지만, 최근에는 고기 본래의 맛을 제대로 느낄 수 있는 붉은 살코기의 감칠맛이 다시 관심을 끌고 있다. 붉은 살코기는 마블링이 있는 고기보다 지방이 적고 아미노산이 풍부하다. 또한 산지에 따라 특색 있는 방법으로 소를 사육하기 때문에, 육질에 개성이 생기고 살코기의 품질에도 차이가 나서 선택할 수 있는 폭이 매우 넓어졌다. 여기서는 여러 종류의 소고기 중에서 같은 부위인 등심을 선택하였는데, 구로게와규[黑毛和牛], 송아지, 단카쿠와규[短角和牛], 아카우시[赤牛], 올드카우(경산우)의 등심을 각각 구워서 비교하였다(모두 암소).

소등심_ 종류별 굽기

구로게와규	홀스타인 송아지

마블링이 많아서 고기 내부에 열이 잘 전달되므로, 고온에서 단시간에 가열하여 지방을 빼고 그러데이션이 생기게 굽는다.

마블링이 없다. 어려서 젖비린내가 있고 수분이 많기 때문에, L본 그대로 저온에서 오랫동안 그러데이션 없이 굽는다.

프라이팬	중불로 리솔레
▼	
오븐	260℃에서 6분
▼	
남은 열	따뜻한 곳에서 4분
▼	
오븐	260℃에서 5분
▼	
남은 열	따뜻한 곳에서 2분

프라이팬	오일을 두르고 중불로 리솔레
▼	
컨벡션오븐	65℃(댐퍼 열고 습도 0%)에서 1시간
▼	
오븐	260℃에서 7분
▼	
남은 열	따뜻한 곳에서 5분

여기서 비교한 5종류 중에는 구로게와규가 가장 마블링이 많고, 올드카우, 아카우시, 단카쿠와규 순서로 마블링이 점점 적어지며 붉은 살코기 부위가 많아진다. 홀스타인 송아지의 경우 마블링이 거의 없고 붉은 살코기도 색깔이 옅어서, 다른 소고기와 전혀 다른 송아지 특유의 육질을 갖고 있다. 각각의 등심에 함유된 지방의 분량은 상당히 차이가 있는데, 마블링이 많으면 많을수록 고기가 단시간에 익는다.

등심 이외의 부위는 만들고자 하는 요리를 머릿속으로 생각해서, 각각의 요리에 가장 알맞은 굽기 방법을 선택하였다. 설로인은 스테이크, 우설은 콩피, 염통은 저온 로스트로 굽기 방법을 설명한다.

단카쿠와규	아카우시	올드카우

마블링이 적고 고기의 결이 거칠어서 퍼석해지기 쉽다. 그러데이션 없이 레어로 구워 붉은 살코기의 육즙을 살린다.	마블링은 단카쿠와규와 구로게와규의 중간 정도이고, 향은 구로게와규에 가깝다. 구로게와규보다 그러데이션이 적게 굽는다.	마블링의 양은 개체에 따라 다르다. 많을 때는 그러데이션이 생기게 굽고, 적을 때는 단카쿠와규처럼 굽는다.

단카쿠와규

프라이팬	중불로 리솔레
▼	
오븐	240℃에서 5분
▼	
남은 열	따뜻한 곳에서 5분
▼	
오븐	240℃에서 5분
▼	
남은 열	따뜻한 곳에서 4분

아카우시

프라이팬	중불로 리솔레
▼	
오븐	240℃에서 5분
▼	
남은 열	따뜻한 곳에서 5분
▼	
오븐	240℃에서 5분
▼	
남은 열	따뜻한 곳에서 5분

올드카우

프라이팬	중불로 리솔레
▼	
오븐	240℃에서 5분
▼	
남은 열	따뜻한 곳에서 3분

구로게와규

A4 등급의 암소를 준비하였다. 구로게와규[黑毛和牛]의 고기는 맛이 담백하고 마블링(근내지방)도 적당해서 누구나 좋아한다. 구로게와규의 감칠맛(아미노산과 지방)을 어떻게 살릴 것인지가 굽기의 포인트가 된다.

　구로게와규처럼 마블링이 많으면 붉은 살코기에 비해 열전도율이 높기 때문에 짧은 시간에도 중심부분까지 열이 쉽게 전달된다. 마블링이 많은 고기의 경우 지방뿐 아니라 아미노산의 감칠맛도 함께 느껴야 맛의 밸런스가 잘 맞는다.

　그렇다면 어떻게 굽는 것이 좋을까? 보통 가열 전에 고기를 상온에 꺼내두는데, 여기서는 냉장고에서 바로 꺼낸 차가운 고기를 사용하였다. 마블링이 많아서 냉장고에서 꺼내면 지방이 바로 부드러워지기 때문이다.

　고기를 중불로 리솔레하여 고기 속에 함유된 아미노산과 지방이 녹아 나오기 전에 표면에 구운 색을 충분히 낸다. 메일라드 반응에 의한 구운 색과 고소한 향, 그리고 고르지 않게 굽는 방법으로 소고기 지방의 단조로운 맛에 변화를 주는 것이다. 리솔레한 다음에는 고온의 오븐에서 구워 고기 속에 함유된 지방을 빼고 밸런스를 맞춘다. 구운 고기의 단면은 바깥쪽에서 중심쪽으로 그러데이션이 생기면서 구운 색이 변하는 것이 이상적이다. 구로게와규의 경우 저온에서 오랫동안 고르게 익히는 방법은 적합하지 않다.

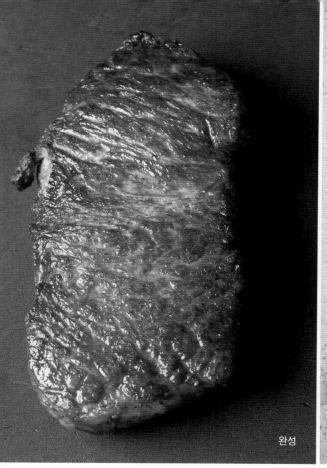
완성

단면

STEP

1 차가운 고기

2 지방을 제거한다

3 프라이팬에서 중불로 리솔레

4 오븐 260℃ 6분

5 남은 열로 4분

6 오븐 260℃ 5분

7 남은 열로 2분

POINT

● 상온에 두지 않고 냉장고에서 바로 꺼낸 차가운 고기를 사용한다.

● 고온에서 구워 표면에 구운 색과 고소한 향을 내고 중심부분까지 그러데이션이 생기게 굽는다.

1
고기는 냉장고에서 바로 꺼낸 것을 사용한다. 마블링이 많아서 냉장고에서 꺼내면 바로 지방이 부드러워진다. 주위의 지방을 제거한다.

2
프라이팬을 중불로 달궈서 고기를 올린다. 고기의 지방 때문에 바로 온도가 올라가서 메일라드 반응이 일어나므로 오일은 필요 없다. 고기를 올려도 거의 소리가 나지 않고 연기도 나지 않는 정도가 적당한 온도이다. 고기가 얇으면 좀 더 높은 온도에서 굽는 것이 좋다.

5
사진과 같은 정도로 구운 색이 나면 프라이팬에서 리솔레하는 것은 끝.

6
복사열이 잘 닿도록 고기를 세워서 표면적을 넓게 만든 뒤, 튀김망 트레이 위에 올린다. 260℃ 오븐에 넣는다.

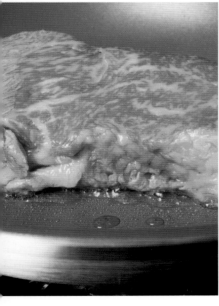

3

중불로 오랫동안 천천히 가열하고, 고기에서 지방이 빠져나와 주위가 하얗게 변하면 뒤집는다.

4

먼저 사진과 같은 정도로 구운 색을 낸다. 고기 옆면을 보면 어느 정도 익었는지 추측할 수 있다. 온도가 쉽게 올라가므로 몇 번 정도 뒤집어주면서 구운 색을 낸다. 이것이 단카쿠와규를 구울 때와 다른 점이다.

7

6분 동안 가열한 뒤 꺼낸다. 표면에 지방이 배어나와 윤기가 나고 부풀어 올랐다. 따뜻한 곳에 두고 남은 열로 4분 동안 익힌다.

8

다시 260℃ 오븐에 넣고 5분 동안 가열한다.

9

고기를 꺼내 따뜻한 곳에 2분 동안 두고 남은 열로 익힌 상태. 육즙이 조금 배어나왔다. 굽기 완성.

홀스타인 송아지

일반적으로 홀스타인은 지방이 적고 육질은 단가쿠와규와 비슷하다.

　여기서는 홀스타인 송아지를 사용했는데, 어떤 품종이든 송아지와 성우(다 자란 소)는 육질이 전혀 다르다. 고기 색깔은 흰빛을 띠고 육즙이 많으며 아직 젖내가 난다. 마블링은 적다. 송아지고기 고유의 맛을 살리기 위해 저온에서 장시간 가열하여 육즙이 가능한 한 빠져나오지 않게 굽는 것이 목표이다.

　송아지 등심은 뼈가 붙어 있는 채로 잘라서 고기의 수축을 최소한으로 줄였다. 고온의 프라이팬 옆면에 직접 닿지 않도록 밀가루를 묻혀서, 부드러운 송아지고기가 손상되지 않게 주의한다.

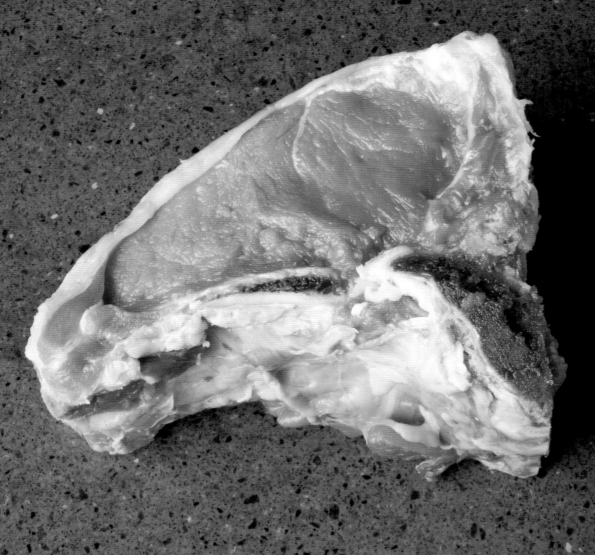

완성

단면

STEP

1 상온의 고기

2 밀가루를 묻힌다

3 프라이팬에 올리브유 1+버터 1을 넣고 뵈르 누아제트(Beurre noisette) 직전까지 가열한다

4 껍질쪽부터 올려서 전체를 리솔레

5 컨벡션오븐(열풍모드, 댐퍼 열고 습도 0%) 65℃ 1시간

6 뼈를 제거한다

7 오븐 260℃ 7분(제공온도로 올라간다)

8 남은 열로 5분

POINT

● 일반 소고기와는 육질이 다르므로 다른 종류의 고기라고 생각하는 것이 좋다.

● 다 자란 소보다 수분이 많으므로, 육즙이 빠져 나오지 않도록 저온에서 오래 굽는다.

1

고기 전체에 밀가루를 묻힌다.

2

타지 않도록 프라이팬에 올리브유와 버터를
같은 비율로 넉넉히 넣고 중불로 가열한다.
올리브유는 버터가 눌어붙는 것을 막기 위해
넣는다.

3

뵈르 누아제트 직전에 지방쪽(껍질쪽)부터
중불로 굽는다.

6

뼈쪽 이외의 전체 면에 구운 색이
고르게 나도록 굽는다.
계속 중불을 유지한다.

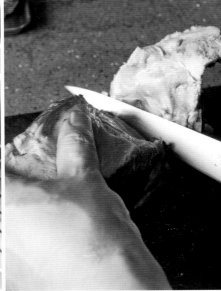

7

튀김망 트레이에 옮겨서 65℃ 컨벡션오븐
(댐퍼 열고 습도 0%)에 넣고 1시간 가열한다.

8

고기를 꺼내 뼈를 제거한다. 이때 중심온도는
50℃ 정도.

4

사진과 같은 정도로 지방쪽에 구운 색이 나면 단면을 굽는다.

5

뒤집어서 다른 쪽 단면도 굽는다.

9

고기를 뒤집어서 튀김망 트레이에 옮기고 260℃ 오븐에서 7분
가열한 뒤, 남은 열로 5분 동안 익힌다(중심온도 60℃).
속은 은은한 핑크색으로 완성된다.

완성

단면

단카쿠와규[短角和牛]는 이와테현을 중심으로 주로 동북지역과 홋카이도에서 사육하는 소이다. 여기서는 미야기산 암소를 사용하였다.

단카쿠와규는 활동량이 많아서 붉은 살코기(근육)의 비율이 높기 때문에, 단백질에서 유래된 아미노산이 많이 함유된 감칠맛이 있는 고기이다. 지나치게 익히면 단카쿠와규의 특징인 맛있는 육즙이 빠져나가므로 레어 상태로 굽는 것이 좋다.

단카쿠와규는 마블링이 적고 피하지방도 적기 때문에 고기가 익는 데 시간이 걸린다. 따라서 굽는 온도나 시간은 구로게와규 등과 크게 다르지 않지만, 자연스럽게 레어로 완성된다.

구로게와규의 맛과 크게 다른 점은 지방의 향이다. 풀을 많이 먹기 때문인지, 단카쿠와규의 지방에서는 풀향이 난다. 취향에 따라 풀향이 느껴지게 굽는 경우도 있지만, 여기서는 주위의 지방을 모두 잘라내고 구웠다.

마블링이 적은 만큼 고르게 구워지지 않는 경우가 많으므로, 가능한 한 구운 색이 고르게 나도록 표면에 버터를 바른다.

구로게와규 같은 그러데이션을 만들지 않고 굽는다.

STEP

1   상온의 고기

2   지방을 제거하고 버터를 바른다

3   프라이팬에서 중불로 리솔레

4   오븐 240℃ 5분

5   남은 열로 5분

6   오븐 240℃ 5분(제공온도로 올라간다)

7   남은 열로 4분

POINT

● 마블링이 적기 때문에 표면에 버터를 발라서 빠르고 고르게 구운 색을 낸다.

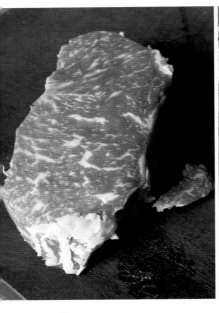

1

고기가 상온으로 돌아오면 주위의 지방을 잘라낸다.

2

구운 색이 고르게 나도록 고기의 양면에 버터를 얇게 바른다.

3

중불로 달군 프라이팬에 고기를 올린다. 연기가 나지 않고 굽는 소리도 작게 나는 정도의 온도.

6

옆면을 보면 어느 정도 구워졌는지 판단할 수 있다. 뒷면에도 구운 색이 적당히 난다.

7

고기를 세워서 옆면도 굽는다.

GREEN COOK
GREEN HOME

인기 품종부터 희귀 품종까지 200여 종의 관엽식물을 생생한 사진과 함께 기르기 가꾸기!

COOKING

최신 트렌드의 요리와 안전한 먹을거리

와인은 어렵지 않아 [증보개정판]

Ophélie Neiman지음 | 185×240 | 280쪽 | 29,000원

시대 흐름에 발맞춰 최신 정보로 재무장한 업그레이드판.
무려 64page를 보강하여 새롭게 출발한 이 책은
내추럴와인, 오렌지와인, 뱅존에 대한 정보는 물론
와인과 관계있는 유명 인물도 소개한다. 또한, 무엇을
배웠는지 와인지식도 셀프로 테스트할 수 있다.

04083 서울시 마포구 토정로 53 (합정동) | 전화 02-324-6130 | 팩스 02-324-6135
계좌번호:하나은행 209-910005-93904 (예금주 주식회사 동학사)

초보자부터 전문가까지,
누구나 즐길 수 있는
흥미로운 위스키의 세계!

제로부터 배운다! 위스키 & 싱글몰트
구리바야시 고키치 감수 | 167×220 | 232쪽 | 20,000원

위스키는 어렵지 않아 [증보개정판]
Mickaël Guidot 지음 | 185×240 | 208쪽 | 27,000원

와 인 셀 프 스 터 디

와인은 어렵지 않아 [증보개정판]
Ophélie Neiman 지음 | 185×240 | 280쪽 | 29,000원

내추럴와인, 오렌지와인 등 시대의 흐름에 맞춰
다양한 최신 정보로 재무장하였다.

월드 아틀라스 와인
휴 존슨 & 잰시스 로빈슨 지음 | 229×292 | 416쪽 | 75,000원

명확하고 정교하게 제작된 지도를 와인과
와인이 주는 즐거움과 결합시킨 와인지도백과.

세계의 내추럴 와인
FESTIVIN 엮음 | 185×240 | 272쪽 | 25,000원

전 세계 13개국 119명의 생산자를 직접 취재하여,
그들의 와인 뒤에 숨겨진 맛의 비밀을 알아본다.

교양으로서의 와인
와타나베 준코 지음 | 130×188 | 248쪽 | 17,000원

세계 표준의 최강 비즈니스 툴인「와인」에 대한
지식을, 와인 스페셜리스트가 알기 쉽게 해설.

고급와인
와타나베 준코 지음 | 138×210 | 256쪽 | 17,000원

「일류」를 알아야만 그 장르의 깊이를 알 수 있다.
각 지역을 대표하는 고급와인 약 150종을 해설.

PET

반려동물을 이해하고 함께하는 행복한 생활

애견백과사전
Dr. 피터 라킨 · 마이크 스톡먼 지음 | 230×296 | 256쪽 | 29,000원

세계의 다양한 견종을 소개하고, 실제 개를 키울 때 필요한 정보를 수록.

고양이백과사전
앨런 에드워즈 지음 | 230×296 | 256쪽 | 29,000원

세계의 고양이 품종을 총망라하여 생동감 있는 사진과 함께 소개.

처음 시작하는 열대어 기르기
코랄피시 편집부 엮음 | 190×240 | 240쪽 | 17,000원

열대어 기르기와 수초를 아름답게 꾸미는 노하우를 알기 쉽게 설명.

세계의 반려견백과
후지와라 쇼타로 엮음 | 230×296 | 248쪽 | 27,000원

세계 반려견 345종의 성격과 역사, 특징 등 유용한 정보를 수록.

증세와 병명으로 찾는 애견 질병사전
일본 성미당 엮음 | 175×225 | 192쪽 | 13,000원

반려견에게 이상 징후가 있을 때 조기에 발견하도록 도와주는 실용서.

애견의 심리와 행동
미즈코시 미나 감수 | 175×225 | 200쪽 | 13,000원

개의 심리와 행동을 이해하여 좋은 관계를 이루기 위한 가이드북.

노령견과 행복하게 살아가기
나카하타 마사노리 감수 | 175×225 | 192쪽 | 13,000원

노령견에게 나타나는 증상과 그에 대한 대책 및 예방법을 소개.

우리 개 성격별 맞춤 훈련
니와 미에코 감수 | 175×225 | 192쪽 | 14,500원

저마다 다른 반려견의 성격에 맞는 훈련방법을 알기 쉽게 설명.

증세와 병명으로 알아보는 고양이 질병사전
난부 미카 지음 | 175×225 | 168쪽 | 14,500원

고양이 전문 수의사가 경험을 바탕으로 알려주는 고양이 건강 백서.

GREEN

자연과 함께하는 참살이 그린 라이프

다육식물 715 사전
다나베 쇼이치 감수 | 190×257 | 176쪽 | 18,000원

715종의 다육식물 도감과 관리방법, 기초 지식, 모아심기 방법을 수록.

내 손으로 직접 번식시키는 꺾꽂이 접붙이기 휘묻이
다카야나기 요시오 지음 | 210×257 | 256쪽 | 25,000원

인기 나무, 관엽식물, 화초 142종의 번식방법을 그림과 사진으로 설명.

관엽식물 가이드 155
김현정 감수 | 210×257 | 196쪽 | 19,000원

생기 넘치는 초록잎을 즐길 수 있는 관엽식물 155종을 소개하는 책.

사진으로 배우는 분재의 기술
Tokizaki Atsushi 감수 | 210×257 | 208쪽 | 23,000원

사진과 그림, 풍부한 작품 예시로 초보자도 따라 할 수 있는 분재 교과서.

내 손으로 직접 수확하는 과수재배대사전
Kobayashi Mikio 감수 | 210×257 | 272쪽 | 25,000원

인기 과수 82종의 재배방법을 1240장의 사진과 340개의 그림으로 설명.

내 손으로 직접 하는 나무 가지치기
김현정 감수 | 210×257 | 192쪽 | 19,000원

실제 나무 사진과 상세한 그림으로 가지치기를 알기 쉽게 해설.

약용식물대사전 [판매종료 임박]
다나카 고우지 외 1명 지음 | 210×259 | 288쪽 | 29,000원

약용식물의 특징과 효능부터 이용방법까지 사진과 함께 자세히 설명.

채소재배 대백과
정영호 · 홍규현 감수 | 210×259 | 504쪽 | 38,000원

인기 채소 114종의 재배과정을 사진과 그림으로 알기 쉽게 설명.

한눈에 보는 버섯대백과
김현정 감수 | 182×257 | 368쪽 | 32,000원

300여 종의 버섯을 소개한 버섯도감. 독버섯 카탈로그로도 유용하다.

4

곧바로 육즙이 빠져나온다. 육즙이 나온다는 것은 단백질이 변성된 부분이 두꺼워지고, 구운 색이 진해지기 시작했다는 의미이다.

5

사진과 같은 정도로 구운 색이 나면 뒤집는다.

8

복사열이 잘 닿도록 고기를 세워서 튀김망 트레이 위에 올린 뒤, 240℃ 오븐에서 5분 동안 가열한다.

9

따뜻한 곳에 꺼내놓고 고기를 세워둔 채 남은 열로 5분 동안 익힌다. 다시 240℃ 오븐에서 5분 가열한다.

10

오븐에서 꺼낸 상태. 구운 색이 상당히 진해졌다. 이대로 따뜻한 곳에 두고 남은 열로 4분 동안 익혀서 완성한다.

아카우시[赤牛]는 아카게와슈[褐毛和種]라는 품종에 속하며 털색깔은 연한 갈색이다. 겉모습은 비슷하지만 루트는 다른, 구마모토계열과 고치계열의 2종류로 분류된다. 고치계열은 고치현에서만 사육되지만, 구마모토계열은 구마모토현뿐 아니라 홋카이도나 동북지역에서도 사육된다. 여기서는 구마모토현산 아카우시를 사용하였다.

아카우시는 단카쿠와규와 구로게와규의 좋은 점을 모두 가졌다. 즉, 지방과 아미노산이 균형 있게 섞여 있고, 고기의 결은 조금 거칠며, 옅은 붉은색을 띤다. 그리고 지방은 단카쿠와규만큼 풀향이 강하지 않다.

따라서 감칠맛 성분이 듬뿍 함유된 육즙을 고기 속에 남겨두고, 표면에는 구운 색이 충분히 나게 굽는다. 굽기 정도는 미디엄레어를 기준으로 한다.

여기서는 고기 주위의 지방을 제거했지만 향을 살리고 싶다면 제거하지 않고 구워도 좋다.

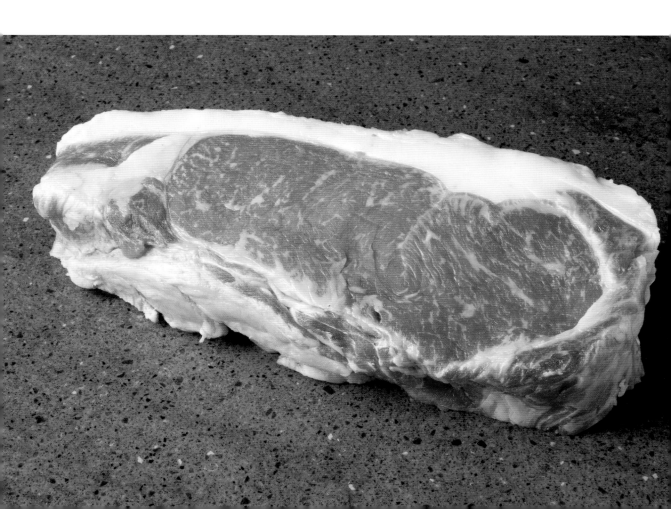

STEP

1 상온의 고기

2 지방을 제거하고 버터를 얇게 바른다

3 프라이팬에서 중불로 리솔레

4 오븐 240℃ 5분

5 남은 열로 5분

6 오븐 240℃ 5분

7 남은 열로 5분

POINT

● 마블링 분량에 따라 주위에 바르는 버터의 양을 조절한다.

● 고기를 남은 열로 익힐 때 표면이 눅눅해질 수 있으므로 세워서 익힌다.

완성

단면

1

고기가 상온으로 돌아오면 주위의 지방을 잘라낸다.

2

버터를 얇게 바른다. 단카쿠와규보다 마블링이 많으므로 버터를 적게 바른다.

3

중불로 달군 프라이팬에 고기를 올린다. 연기가 나지 않고 굽는 소리도 작다.

6

복사열이 골고루 전달되도록 고기를 튀김망 트레이 위에 세워서, 240℃ 오븐에 넣고 5분 동안 가열한다. 이 때 중심온도는 50℃ 정도.

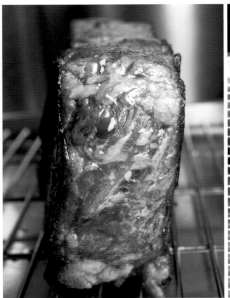

7

고기를 꺼내 따뜻한 곳에 두고 5분 동안 남은 열로 익힌다. 표면이 눅눅해질 수 있으므로 고기를 세워서 익힌다. 옆면에 붉은 육즙이 배어나왔다.

8

고기를 세운 채로 다시 240℃ 오븐에 넣고 5분 동안 가열한다.

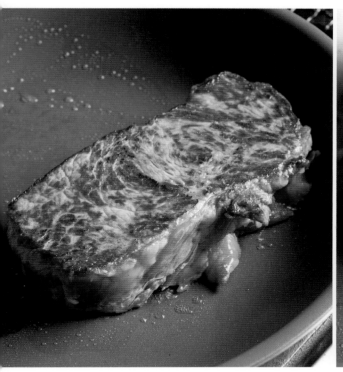

4
구운 색이 나면 뒤집는다. 고기의 결이 거칠기 때문에
구운 색도 거칠고 고르지 않다.

5
뒷면에도 구운 색이 나기 시작한다. 옆면을 보면 어느 정도
구워졌는지 판단할 수 있다.

9
고기를 꺼내서 따뜻한 곳에 두고 5분 동안
남은 열로 익힌다.

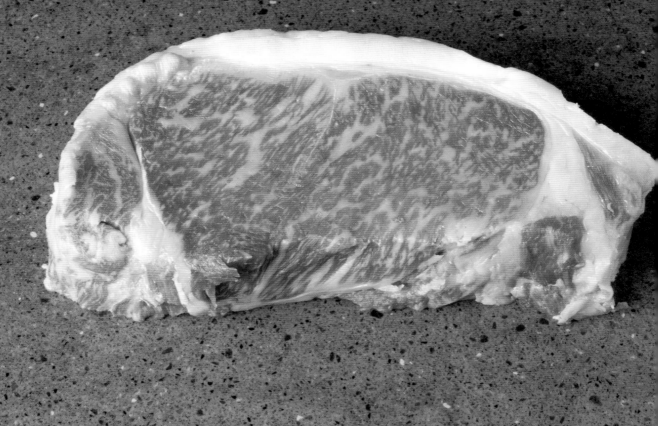

미야자키산 구로게와규 중에서 송아지를 낳은, 13년 10개월짜리 경산우를 10개월 동안 곡물로 비육하여 준비하였다. 잘 비육하면 이 개월수라고 생각할 수 없을 정도로 지방이 오른다. 그러나 육질은 개체에 따라 차이가 매우 커서 마블링이 없거나 단단한 경우도 있으므로, 그때그때 상태를 잘 판단해야 한다.

이번에 들어온 경산우를 구로게와규(p.28)와 비교해보면 지방에서 냄새가 조금 나고, 고기의 결이 좀 더 거칠며, 힘줄이 질기고 단단한 편이다. 전형적인 소고기 맛이 난다. 이 경산우는 비교적 마블링이 많기 때문에 구로게와규와 비슷한 방법으로 굽는다. 즉 고기 내부까지 익혀서 기름을 뺀다.

완성

단면

STEP

1 상온의 고기

2 지방을 제거한다

3 프라이팬에서 중불로 위아래 + 옆면을 리솔레

4 오븐 240℃ 5분

5 남은 열로 3분

POINT

● 개체에 따라 육질의 차이가 크기 때문에, 잘 살펴본 뒤 알맞은 요리방법을 선택한다.

● 구로게와규(p.28)보다 고기의 결이 조금 더 거 칠기 때문에, 고온에서 구우면 육즙이 빠져나 오기 쉽다.

1

주위에 붙어 있는 지방을 잘라낸다.

2

프라이팬을 달구고 **1**의 고기를 올린다. 연기가
거의 나지 않고 굽는 소리도 작다.

3

구운 색이 충분히 나면 뒤집는다.

6

튀김망 트레이로 옮겨서 복사열이 잘 전달되도록 고기를
세워놓고, 240℃ 오븐에서 5분 동안 가열한다.
더 이상 온도를 올리면 육즙이 빠져나오기 쉬우므로,
다른 고기보다 낮은 온도로 굽는다.

7

고기를 꺼내서 따뜻한 곳에 두고 남은 열로
3분 동안 익힌다.

4

뒷면에도 구운 색을 충분히 낸다. 지방이 많이 빠져나온 상태로 구운 색이 나기 시작했다.

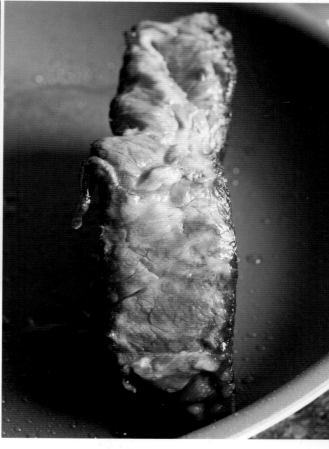

5

옆면에도 구운 색을 낸다.

일본의 소고기 등급

일본에서는 일본산 와규와 미국산이나 오스트레일리아산 등의 수입육이 주로 유통된다. 통일된 규격은 없으며 생산국에 따라 등급을 정하는 방법이 다르다.

이 책에서 소개한 일본산 와규의 등급은 육량 등급과 육질 등급으로 나뉜다. 육량 등급은 우수한 것부터 순서대로 A, B, C로 판정한다. 육질 등급은 우수한 것부터 순서대로 5, 4, 3, 2, 1로 판정하며, 지방교잡(마블링), 광택, 조직감(탄력성, 보수성), 지방의 광택과 품질 등으로 평가한다. A5등급은 가식부의 비율이 높고 육질도 최고라는 평가를 받은 고기이다.

설로인(올드카우) | 스테이크

완성 단면

스테이크용으로 자른 올드카우(경산우)의 설로인은 프라이팬에 오일을 듬뿍 넣고 튀기듯이 굽는다. 마블링이 상당히 많아서 고기의 온도가 쉽게 올라가기 때문에, 상온에 두지 않고 냉장고에서 꺼내 바로 굽는다.

표면은 고온에서 고소한 색이 나게 굽고, 내부는 고기의 육즙이 남아 있게 굽는다. 고온에서 가열하여 내부의 육즙이 흘러나오는 상태를 '육즙이 돈다'고 표현한다.

이렇게 고온에서 단시간에 구우면 표면에서 중심쪽으로 그러데이션이 생기면서 익는다. 미리 잘라둔 스테이크용 고기의 장점을 살리기 위해서는 균일한 색깔로 익히는 것보다, 오히려 그러데이션이 생기게 굽는 것이 더 맛있어 보인다.

STEP

1 차가운 고기

2 지방을 제거한다

3 프라이팬에 버터와 올리브유을 넣고 뵈르 누아제트 직전까지 가열하여 고기를 굽는다

4 뒤집는다

5 뒤집는다

6 뒤집는다

7 뒤집는다

8 기름을 버리고 굽기 정도를 조절한다

POINT

● 고기의 결이 거칠기 때문에 구운 색이 고르게 나지 않는 경우가 많다. 몇 번 뒤집어서 구운 색을 고르게 낸다.

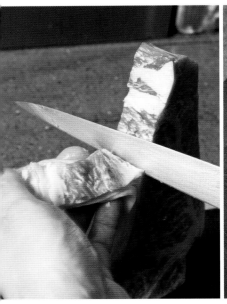

1

스테이크 크기로 자른 설로인
(두께 2.3㎝) 주위에 붙어 있는
지방을 잘라낸다.

2

338g.

3

프라이팬에 올리브유 80g과 버터 80g을
넣고 가열하여 녹인다. 올리브유는 버터가
눌어붙는 것을 막기 위해 넣는다.

6

뒤집는다. 사진과 같은 정도로 구운 색을 확실히 낸다.
아직은 표면의 구운 색이 고르지 않다.

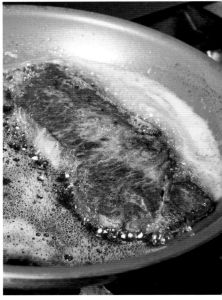

7

뒤집는다. 이쪽도 구운 색이 고르지 않다.

4
뵈르 누아제트 직전에 고기를 올린다. 불세기는 중불.

5
지방이 점점 녹아서 표면(윗면)의 색깔이 변하기
시작했다. 뒤집을 때가 되었다.

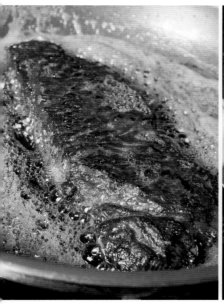

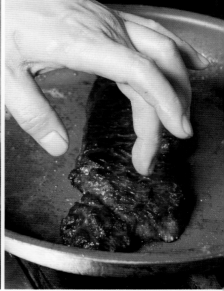

8
다시 뒤집는다. 구운 색이 고르게 나기
시작했다. 다시 한 번 뒤집는다. 이쪽도
구운 색이 확실히 난다.

9
가열하면 기름이 산화하여 고기 냄새가
이상해지므로, 양면에 구운 색이 고르게 나면
바로 기름을 버린다.

10
기름을 버린 프라이팬에 고기를
올려서 굽기 정도를 조절하고,
동시에 여분의 기름기를 뺀다.
고기의 탄력으로 어느 정도
구워졌는지 판단한다.

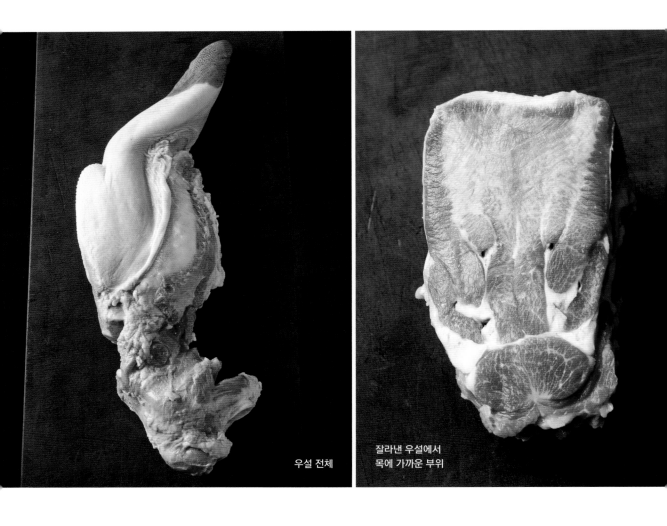

우설 전체

잘라낸 우설에서
목에 가까운 부위

우설 | 콩피

소의 혀인 우설은 목에 가까운 두툼한 부분을 사용하였고, 이 부위의 특징인 독특한 식감과 풍부한 육즙을 잘
살릴 수 있는 가열방법으로 콩피를 선택하였다. 콩피는 원래 라드 속에 마리네이드할 재료를 넣고 저온에서 가
열하는 요리방법이지만, 여기서는 육즙이 빠져나오는 것을 막고 커피향이 잘 배도록 커피원두와 약간의 오일을
진공팩에 같이 넣고 천천히 시간을 들여서 고기를 완전히 익혔다. 가열도구는 골고루 익힐 수 있는 서큘레이터
를 사용했는데, 컨벡션오븐(85℃, 스팀모드, 1시간 30분)으로도 가능하다.

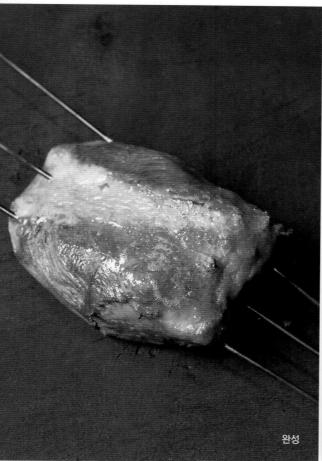

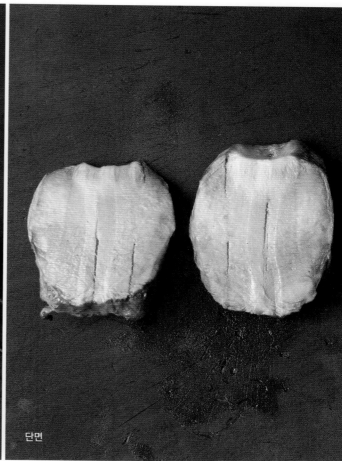

완성   단면

STEP

1   모양정리(정형)

2   진공

3   서큘레이터 85℃ 1시간 30분
(중심온도 80℃)

4   식힌다

5   껍질을 벗긴다

6   짚으로 훈연한다

POINT

● 우설은 가열한 뒤에 껍질을 벗기면 쉽게 벗길 수 있다.

● 올리브유를 붓고 공기를 빼서 진공상태로 만든 뒤, 고르게 익혀서 향이 배게 한다.

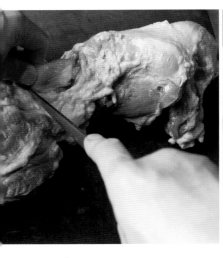

1

우설에 붙어 있는 갑상연골을
잘라낸다.

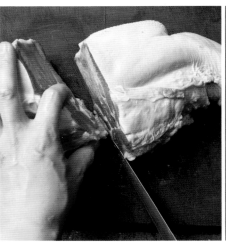

2

목에 가까운 쪽의 두툼한 부분을
잘라낸다(480g).

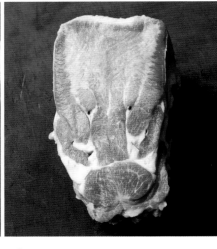

3

우설의 단면. 껍질은 가열한 뒤에 벗겨야
잘 벗겨지므로, 이 단계에서는 껍질을
그대로 둔다.

8

익은 우설을 꺼내서
그대로 식힌다.
일단 식으면 조직이
단단해져서 쫄깃한
식감이 증가한다.

9

팩에서 우설을 꺼내 반으로 자르고
껍질을 벗긴다.

10

잡기 쉽게 쇠꼬치를 꽂는다.

11

화로에 짚을 넣고 쇠꼬치를
걸쳐놓는다.

4
진공팩에 우설, 커피원두 30알, 올리브유 50g을 넣는다. 고기에 향이 부드럽게 배도록 커피원두는 알맹이 그대로 넣는다.

5
진공포장기로 공기를 뺀다.

6
서큘레이터를 85℃로 설정하고, 1시간 30분 동안 가열하여 중심온도를 80℃로 올린다.

7
컨벡션오븐을 사용하는 것보다 서큘레이터를 사용하는 편이 열이 고르게 전달된다.

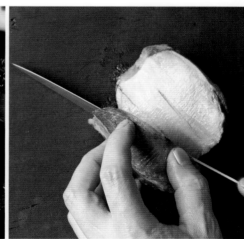

12
짚에 불을 붙이고 우설 위에 볼을 씌운 뒤, 2분 정도 훈연시켜서 향이 배게 한다.

13
중간에 몇 번 뒤집어주면서 훈연하여, 향이 골고루 배게 한다.

14
제공온도까지 올라가면 우설을 꺼내서 쇠꼬치를 빼고 자른다.

염통 | 로스트

소의 심장(염통)은 우심방과 좌심방으로 이루어져 있다. 우심방은 두툼하고 탄력 있는 식감이며, 좌심방은 비교적 부드러운 것이 특징이다. 여기서는 탄력 있는 우심방을 로스트하였다.

염통은 지방이 없고 근육으로만 이루어져 있어서, 지방이 적고 붉은 살코기가 많은 단카쿠와규와 육질이 비슷하다. 고온으로 가열하면 고무처럼 단단하게 수축되므로 60~65℃의 저온에서 장시간 가열하는 '저온 로스트' 방법으로 굽는다.

또한 속에 피가 남아 있는 염통은 피냄새와 특유의 누린내가 나고, 무엇보다 빨리 상하기 때문에 사용하지 않는 것이 좋다.

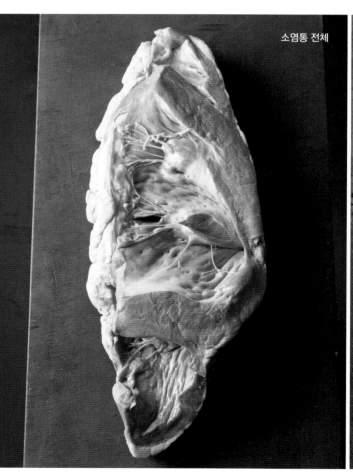

소염통 전체

정형한 소염통의 우심방

STEP

1 모양정리(정형)

2 잘라서 나눈다

3 버터를 바른다

4 프라이팬에서 중불로 리솔레

5 컨벡션오븐(열풍모드, 댐퍼 열고 습도 0%)
60~65℃ 1시간 15분

6 오븐 270℃ 7분
(중심온도 55℃, 제공온도로 올라간다)

POINT

● 고온에서 단시간에 가열하면 고기가 단단해지기 쉬우므로 주의한다. 그러데이션 없이 굽는다.

완성

단면

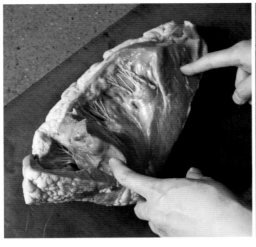
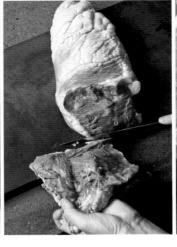
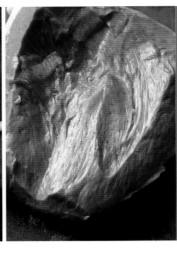

1
세로로 칼집을 넣어 갈라서 펼친 소염통. 사진에서 집게손가락으로 가리키는 양옆부분이 우심방이다. 여기서는 우심방을 사용한다.

2
한쪽 우심방을 잘라낸 뒤 다시 반으로 자른다.

3
사진과 같은 정도로 안쪽의 얇은 막을 긁어낸다. 가열하면 얇은 막이 단단해지므로 남지 않게 깨끗이 긁어낸다.

7
꾹 눌러서 손의 감촉으로 익은 정도를 확인하면서 구운 색을 낸다.

8
사진과 같은 정도로 구운 색을 충분히 낸다.

9
집게로 잡고 옆면도 똑같이 굽는다. 여기서는 표면만 익힌다.

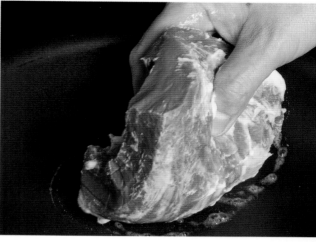

4

바깥쪽 지방을 사진과 같은 정도로 제거한다. 이 단계에서 300g 정도가 된다.

5

마블링이 없는 부위이므로 바깥쪽과 안쪽에 버터를 발라 유분을 보충해서 구운 색을 충분히 낸다.

6

중불로 달군 프라이팬에 바깥쪽(지방이 붙어 있는 쪽)부터 구워서, 표면에 감칠맛 성분을 응축시킨다.

10

튀김망 트레이에 옮기고 60~65℃ 컨벡션오븐 (열풍모드, 댐퍼 열고 습도 0%) 에서 1시간 15분 가열한다.

11

270℃ 오븐에 옮겨서 7분 동안 데워 제공온도로 올린다. 3분이 지나면 중간에 1번 뒤집는다.

12

구운 소염통. 속은 핑크색이고 중심온도는 55℃. 뜨거울 때 바로 제공한다.

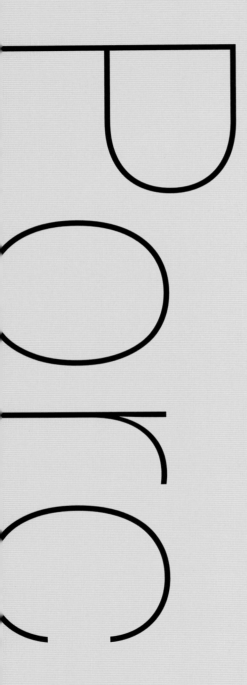

돼지고기

새끼돼지 햄과 캐러멜 시트
p.84 + p.192

흑돼지 로스트와 차즈기 시트
p.70 + p.192

새끼돼지 브레제와 라디키오
p.80 + p.193

돼지고기 |PORC|

일본에서 유통되는 돼지의 품종은 크게 백돈종, 갈색종, 흑돈종의 3가지로 분류된다.

　백돈종은 '랜드레이스(Landrace, 원산지 덴마크)'와 '대요크셔(Large Yorkshire, 원산지 영국)'가 대표적이고 갈색종은 '두록(Duroc, 원산지 미국)', 흑돈종은 '버크셔(Berkshire, 원산지 영국)'가 대표적이다. 일반적으로 '흑돼지'라고 부르는 것은 버크셔종이다.

　여기서는 백돈종, 흑돈종, 이베리코 돼지(흑돈종) 등 3종류의 돼지고기(모두 암컷)를 비교하였다. 사용하는 부위는 등심으로, 어깨에서 3~4번째 뼈보다 뒤쪽에 있는 가브리살(등심덧살) 부분이 적은 부위의 고기를 로스

돼지등심_ 종류별 굽기

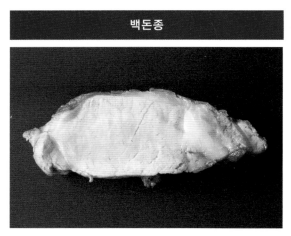

백돈종

마블링이 적다. 충분히 익혀야 하지만 육즙이 남아 있도록 가열시간을 조금 줄인다.

프라이팬	중불로 리솔레
▼	
오븐	270℃에서 7분
▼	
컨벡션오븐	70℃(열풍모드, 댐퍼 열고 습도 0%)에서 1시간
▼	
오븐	250℃에서 6분(3분 지나면 뒤집는다)

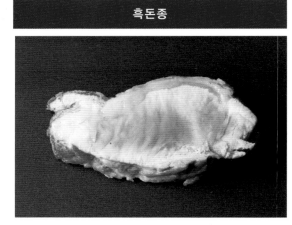

흑돈종

피하지방이 두껍다. 고기의 붉은색이 진하고 맛도 진하다. 백돈종보다 조금 오래 익힌다.

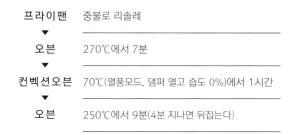

프라이팬	중불로 리솔레
▼	
오븐	270℃에서 7분
▼	
컨벡션오븐	70℃(열풍모드, 댐퍼 열고 습도 0%)에서 1시간
▼	
오븐	250℃에서 9분(4분 지나면 뒤집는다)

트하였다. 돼지고기는 소고기 같은 마블링은 없기 때문에 가열하면 퍼석해지기 쉽지만, 완전히 익히지 않은 상태로 제공할 수는 없다. 따라서 굽는 정도를 세심하게 조절해야 한다.

백돈종은 옅은 핑크색 고기로 마블링은 적다. 흑돈종은 붉은 살코기의 색깔이 진하고 맛도 진한 것이 특징으로, 백돈종보다 조금 오래 익혀야 한다. 이베리코 돼지는 마블링이 조금 있고 표면의 지방도 쉽게 녹기 때문에 온도를 잘 조절해서 구워야 한다.

등심 이외의 부위 중 다리살과 족발은 익혀서 차가운 요리에 사용하고, 새끼돼지의 목살은 브레제를 선택하여 각각의 요리에 알맞은 굽기 방법을 소개한다.

이베리코 돼지

피하지방도 마블링도 녹는점이 낮기 때문에 고기의 온도가 올라가기 쉽다. 세심한 온도 조절이 필요하다.

프라이팬	중불로 리솔레
▼	
오븐	270℃에서 5분
▼	
남은 열	따뜻한 곳에서 3분
▼	
오븐	250℃에서 5분
▼	
남은 열	따뜻한 곳에서 5분
▼	
오븐	220℃에서 5분
▼	
남은 열	따뜻한 곳에서 3분
▼	
오븐	270℃에서 5분

백돈종

완성

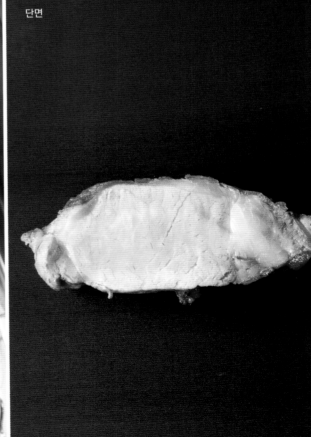

단면

백돈종의 고기 색깔은 옅은 핑크색으로, 다른 2종류와 비교했을 때 조금 하얗다. 수분이 많고 맛도 담백하므로, 최대한 육즙이 빠져나가지 않게 익혀야 백돈종의 장점을 잘 살릴 수 있다. 육즙이 빠져나와 고기가 퍼석해지는 경우가 많기 때문에, 굽기의 스트라이크존이 매우 좁은 고기이다. 오븐에서 고기의 온도를 올린 뒤 70℃ 컨벡션오븐에서 1시간 동안 굽는데, 천천히, 정성껏, 부드럽게 그러나 비계는 확실히 익히는 느낌으로 굽는다.

STEP

1 상온의 고기

2 비계에 칼집을 넣는다

3 프라이팬을 달군다(저온)

4 중불로 비계쪽을 굽는다

5 뒤집어서 고기쪽을 굽는다

6 오븐 270℃ 7분

7 컨벡션오븐(열풍모드, 댐퍼 열고 습도 0%) 70℃ 1시간

8 오븐 250℃ 6분(제공온도로 올라간다)

POINT

● 저온에서 장시간 가열할 경우, 안쪽의 지방까지 충분히 빠지도록 비계쪽에 칼집을 깊게 넣는다.

● 프라이팬에서 리솔레하는 것은 고기를 익히는 것이 아니라, 비계를 굽는 것이 목적이다.

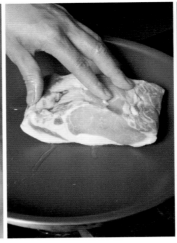

1

비계를 적당히 잘라내고 기름이 충분히 빠지도록 비계쪽에 칼집을 깊게 넣는다. 514g.

2

프라이팬을 중불로 달구고 비계쪽부터 굽기 시작한다.

3

기름이 배어나오기 시작했다. 프라이팬의 표면온도는 220℃ 정도.

7

가브리살의 지방 (고기의 앞쪽)은 사진과 같은 정도로 구운 색이 나게 굽는다. 단면을 보면 아직 내부까지 익지 않은 것을 알 수 있다.

8

비계쪽 기름이 빠지면(456g) 270℃ 오븐에서 7분 굽는다. 아직 고기가 완전히 익지 않아서 중심부분은 차가운 상태이다. 270℃에서 고기의 온도를 올린다.

9

오븐에서 꺼내 뒤집는다. 비계쪽은 구운 색이 좀 더 진해졌다. 396g.

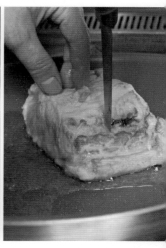

4
사진과 같은 정도로 구워지면 뒤집어서 색깔이
하얗게 변할 때까지 고기쪽을 살짝 굽는다.

5
안쪽에 말려 있는 가브리살 부분의
지방은 프라이팬 옆면에 세워서
걸쳐놓고 굽는다.

6
열이 잘 전달되도록
등심의 중심과
가브리살 사이를
자른다. 칼집을 몇 번
넣고 다시 뒤집어서
가브리살의 지방을
프라이팬에 대고 굽고,
고기쪽도 살짝 굽는다.

10
튀김망 트레이에 옮기고
70℃ 컨벡션오븐(열풍모드,
댐퍼 열고 습도 0%)에서
1시간 가열한다.

11
10을 꺼내서 250℃ 오븐에 넣고
마무리로 6분 동안 가열한다.
중간에 고기를 뒤집는다.

12
구운 백돈종 등심.
370g

흑돈종

돼지는 육질과 발육상태 등 부모의 우수한 형질을 이어받기 위해 다른 품종과 교배한 잡종이 대부분인데, 일반적으로 '흑돼지'라고 부르는 버크셔종(원산지 영국)은 유일하게 순수종으로 사육되고 있다.

백돈종과 비교하면 고기 색깔이 짙은 붉은색을 띠고, 비계는 두툼하며 하얗고, 응축된 감칠맛이 강하다. 여기서는 흑돼지의 강한 맛을 살리기 위해 백돈종보다 조금 더 오래 가열하여 온도를 올려 향을 살리고, 표면에는 구운 색을 진하게 내서 고소하게 완성하였다.

완성　　　단면

STEP

1　상온의 고기

2　비계에 칼집을 넣는다

3　프라이팬에서 중불로 비계를 굽는다

4　오븐 270℃ 7분

5　컨벡션오븐(열풍모드, 댐퍼 열고 습도 0%)
　　 70℃ 1시간

6　오븐 250℃ 4분

7　뒤집어서 5분(제공온도로 올라간다)

POINT

● 비계에 넣는 칼집은 깊게 넣는다. 더 큰 덩어리일 경우에는 칼집이 깊지 않아도 관계없지만, 이 정도 크기의 고기에는 열이 바로 전달되기 때문에, 단시간에 기름을 빼야 한다.

1

고기가 상온으로 돌아오면 비계를 적당히 잘라내고 칼집을 깊게 넣는다. 중불로 달군 프라이팬에 비계쪽부터 올려서 굽기 시작한다. 605g.

2

프라이팬 옆면에 고기를 세워서 걸쳐놓고 옆면을 굽는다.

3

프라이팬의 온도가 올라가면서 기름이 빠져나온다.

8

고기쪽은 사진과 같은 정도로 굽는다. 프라이팬에 굽는 것은 어디까지나 기름을 빼기 위한 작업이다.

9

프라이팬에 고인 기름을 버리고, 270℃ 오븐에서 7분 가열한다.

10

오븐에서 고기를 꺼낸다. 비계의 구운 색은 사진과 같은 정도. 522g.

4

가브리살 부분은 3~4곳 정도 칼집을 넣어서 열이 잘 전달되게 한다.

5

가브리살 부분이 프라이팬 바닥에 밀착되게 눌러서, 고기 속에 있는 지방을 녹여서 뺀다.

6

고기를 세워서 양쪽 가장자리까지 잘 구워 기름을 뺀다. 고기에서 나온 기름으로 튀기듯이 굽고, 비계쪽도 더 굽는다.

7

뒤집어서 고기쪽을 살짝 굽는다.

11

튀김망 트레이에 옮겨서 70℃ 컨벡션오븐(열풍모드, 댐퍼 열고 습도 0%)에 넣고 1시간 동안 굽는다.

12

고기를 꺼내(448g) 망이 있는 오븐용 트레이에 옮기고, 250℃ 오븐에서 9분 동안 굽는다. 4분이 지나면 고기를 뒤집는다.

13

구운 흑돈종. 436g

이베리코 돼지

이베리코 돼지의 육질은 돼지고기 중에서도 비교적 소고기와 많이 닮았다. 특히 지방이 특별하다. 고기를 상온에 두는 것만으로도 표면이 약간 녹기 시작할 정도로, 다른 두 종류의 돼지고기에 비해 지방의 녹는점이 낮다. 그뿐 아니라 고기 속에도 마블링이 박혀 있어서 온도가 쉽게 올라가고 빨리 익는다. 또한 온도가 올라가면 지방의 향이 매우 좋아지는 것도 특징이다.

　반면 온도를 조절하기 어렵다는 것이 문제인데, 그 점 때문에 270℃ 고온에서 굽는다. 고온의 오븐에 3번 정도 넣고 빼는 것을 반복한 뒤, 남은 열로 굽기 정도를 조절하여 완성한다.

완성

단면

STEP

1 상온의 고기

2 프라이팬에서 중불로 비계를 굽는다

3 오븐 270℃ 5분

4 남은 열로 3분

5 오븐 250℃ 5분

6 남은 열로 5분

7 오븐 220℃ 5분

8 남은 열로 3분

9 오븐 270℃ 5분(제공온도로 올라간다)

POINT

● 먼저 비계쪽을 구워 향이 전체에 배게 한 뒤 고기를 굽는다.

● 다른 돼지고기에 비해 지방이 쉽게 녹기 때문에, 저온에서 천천히 굽지 않고 고온에서 단시간에 구워도 기름이 충분히 빠진다.

1

올리브유를 두른 프라이팬을
중불로 달구고, 고기(538g)를
비계쪽부터 굽는다. 지방이 쉽게
녹기 때문에 비계에 칼집을 넣지
않고, 고온에서 굽기 시작한다.

2

기름이 고르게 빠지도록 집게로 고기를 들어서
프라이팬에 닿지 않은 부분을 대고 굽는다.

3

사진과 같은 정도로 기름이 빠지고
구운 색이 나면, 고기쪽을 살짝 굽는다.

6

뒤집어서 비계가 아래로 가게 놓고,
270℃ 오븐에서 5분 가열한다.

7

오븐에서 고기를 꺼내(460g) 망에 올린 뒤,
3분 동안 따뜻한 곳에 두고 남은 열로 익힌다.

8

기름이 녹아서 표면이 촉촉해졌다.

4

고기쪽은 사진과 같은 정도로 굽는다.
다시 비계쪽을 굽는다.

5

단면을 보면 어느 정도 구워졌는지 판단할 수 있다. 속은 거의 익지 않았다.
484g.

9

비계가 아래로 가게 놓고 다시 오븐에
넣는다. 250℃에서 5분 가열한다.

10

고기를 꺼내(439g) 따뜻한 곳에 두고 남은 열로
5분 동안 익힌다. 20~30% 익는다.

11

220℃ 오븐에 넣고 5분 동안
가열한다.

12

고기를 꺼내서(422g) 비계가
위로 오게 놓고, 따뜻한 곳에서
남은 열로 3분 동안 익힌다.
80% 정도 익는다.

13

저온으로 고기를 익혀서 표면이 촉촉하다. 마무리는
오븐을 270℃로 올려서 표면을 바삭하게 만들고,
제공온도까지 올린다.

14

구운 이베리코 돼지.
400g.

오븐의 온도

오븐의 설정 온도에는 의미가 있다. 고기의 질에 따라 조금 다르지만, 고기를 구울 때의 대략
적인 설정 온도와 주요 목적은 다음과 같다.

60~70℃	저온에서 오래 가열하여 온도를 유지하면서 고기를 촉촉하게 구울 때의 온도. 이 온도에서는 지방에 열이 잘 전달되지 않는다.
230~250℃	고기를 익히기 위한 온도. 230℃에서는 겉이 퍼석해지지 않게 천천히 익힐 수 있다.
270~290℃	2가지 목적이 있다. ① 제공온도로 올린다. ② 고기를 말리고 메일라드 반응으로 짙은 구운 색을 내면서 익힌다. 이 온도에서는 몇 번 정도 넣었다 뺐다 하지 않으면, 한꺼번에 익어버리므로 주의한다.

목살(새끼돼지) | 브레제

　캐슈넛을 먹여서 키운 새끼돼지의 목살을 사용한다. 새끼돼지는 껍질이 얇고 부드러워서 껍질째 유통되는 것이 일반적이다. 이 부위에는 힘줄이 많으므로 브레제(Braiser, 찜)라는 가열방법을 선택하였다. 브레제하면 고기가 조금 단단해지지만 그만큼 단단한 힘줄이 거슬리지 않게 된다.

　또한 브레제하기 전에 먼저 껍질쪽을 확실히 구워서 노릇하게 구운 색을 내는데, 그런 다음 구울 때 껍질이 뒤집히지 않도록 일정한 간격으로 실을 단단히 묶어두는 것이 좋다.

완성

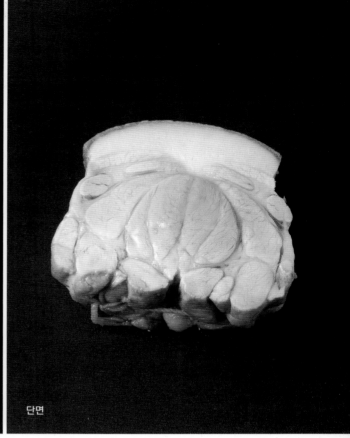

단면

STEP

1 실로 묶는다

2 주물냄비에 넣고 중불로 리솔레

3 꺼낸다

4 냄비에 채소와 육즙을 넣고 조린다

5 고기를 다시 넣고 약불로 10분 동안 브레제

6 중심온도를 확인한다(중심온도 35℃)

7 약불로 14분 동안 브레제
      (중심온도 80℃)

POINT

● 힘줄이 많기 때문에 수축되서 모양이 변하기 쉬우므로 실로 단단히 묶는다.

● 껍질이 타지 않게 주의해서 리솔레한다.

● 껍질이 붙어 있는 고기는 열이 잘 전달되지 않기 때문에, 다른 고기처럼 버터를 바르면 고기 온도가 올라가기 전에 표면이 타버리므로 버터를 바르지 않는다.

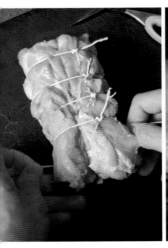

1

고기를 실로 묶는다.
비계가 아래로 오게
놓고, 고기쪽에서
단단히 묶는다.
껍질쪽에 보기 좋게
구운 색이 나도록
매듭은 고기쪽에서
짓는다.

2

익으면 껍질이 뒤집어지므로 일정한 간격으로
단단히 묶는다. 477g.

3

주물냄비에 올리브유를 두르고 중불로 달군 뒤
껍질쪽부터 굽는다. 껍질이 타지 않도록 천천히
익혀야 하므로, 계속 중불을 유지한다.

7

고기를 꺼낸다.
리솔레해서 껍질쪽이
노릇노릇해졌다.

8

6의 냄비에 라디키오를 넣고
쥐(양파주스와 뱅 루주 소스 → p.193)
를 넣는다. 조려지면 물을 적당히
넣고 소금을 뿌린다.

9

국물이 사진과 같은 정도로 남게
조린다.

10

7에서 꺼내둔 고기를 넣고
뚜껑을 덮은 뒤,
가스레인지에서 약불로
10분 동안 가열하여
브레제한다.

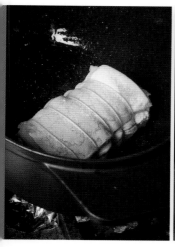

4
구운 색을 확인한다.
아직 구운 색이 옅기 때문에
계속해서 껍질쪽을 굽는다.

5
사진과 같은 정도로 구운 색이 나면 뒤집어서
고기쪽을 살짝 굽는다.

6
양쪽 옆면도 살짝 굽는다.

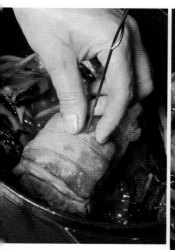

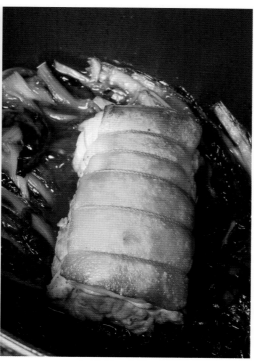

11
꼬치로 중심부분을 찔러서
온도를 확인한다. 이때
중심온도는 35℃ 정도.
뚜껑을 덮고 약불로
7분 더 가열한다.

12
다시 한 번 꼬치로 찔러서 온도를 확인한다.
중심온도는 60℃가 넘는다. 다시 뚜껑을
덮고 7분 동안 가열하여 80℃까지 올린다.
고기 무게는 380g.

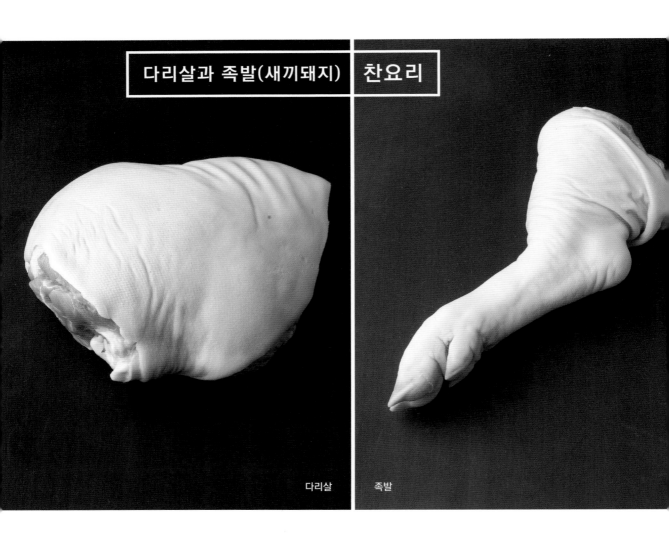

다리살과 족발(새끼돼지)　찬요리

다리살　족발

찬요리에 가장 적합한 고기는 새끼돼지가 아닐까. 새끼돼지는 고기 색깔이 붉지 않은 것에서도 알 수 있듯이, 누린내가 진하지 않고 맛이 담백하며 고기가 부드러워서 찬요리에 적당하다. 어리기 때문에 아직 단단한 힘줄로 변하지 않은 젤라틴이 풍부하게 함유된 탱탱한 고기의 식감을 살려서 요리한다.

또한 여기서 사용한 돼지고기는 캐슈넛을 먹여서 사육한 돼지로, 고기에 견과류의 고소한 향이 배어 있는 것이 특징이다. 이렇게 캐슈넛을 먹여서 키운 새끼돼지는 다 자란 돼지의 누린내가 나지 않기 때문에, 견과류의 향을 좀 더 잘 느낄 수 있다.

한편 새끼돼지는 힘줄의 상태로 어느 정도 구워졌는지 판단한다. 즉, 새끼돼지의 부드러운 힘줄이 젤라틴으로 변하는 포인트를 찾는 것이 중요하다.

굽기 정도는 미디엄보다 조금 더 익히는 정도이다. 단, 촉촉하고 육즙이 풍부하며 탱탱한 육질을 잃지 않게 구워야 한다. 중심온도를 80℃까지 올리면 육즙이 충분히 남아 있지만, 90℃가 되면 고기의 세포가 허물어져서 육즙이 빠져나간다.

다 자란 돼지의 경우 중심온도가 80℃면 아직 고기가 단단하고 피냄새도 나기 때문에 85℃ 정도는 되어야 한

다리살 가열 후 단면

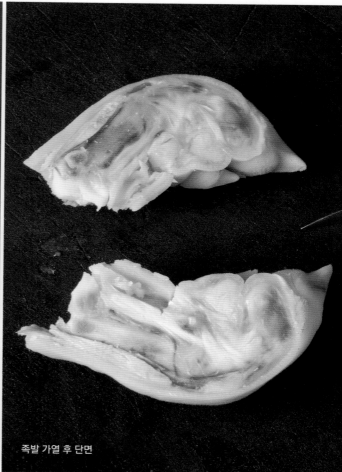

족발 가열 후 단면

다. 온도를 올리기 위해서는 피하지방을 남겨두어야 한다. 단, 새끼손가락 1마디 정도의 두께만 남기고 잘라내서 지방의 끈적한 느낌을 없앤다.

　가열 직후의 고기는 내부의 육즙이 아직 움직이는 상태이고 육질이 균일하지 않으므로, 하루 정도 그대로 둔 뒤 자르는 것이 좋다. 바로 자르면 정성껏 구운 고기의 맛있는 육즙이 조금이라도 빠져나갈 수 있다.

STEP

1 상온의 고기

2 소뮈르(Saumur)액에 2시간 담가둔다

3 인덕션 90℃ 1시간 30분 끓인다

4 식힌다

5 잘라서 나눈다

POINT

● 국물에 담근 채 식혀서 하루 동안 그대로 둔다.

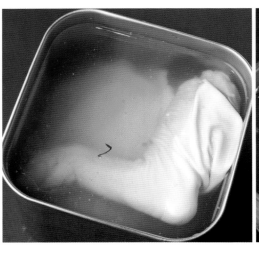

1

소뮈르액에 다리살과 족발을 담가서
2일 동안 냉장고에 넣어두고 맛이 배게 한다.
다리살 1446g, 족발 463g.

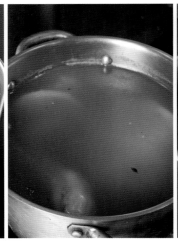

2

냄비에 퐁 블랑(→p.200)을
넉넉히 붓고 다리살과 족발을
넣는다. 냄비를 90℃로 설정한
인덕션에 올려서 1시간 30분
동안 가열한다. 버너일 경우에는
매우 약한 불로 온도를 유지한다.

3

불을 끄고 마르지 않도록
면보로 덮어서 식힌다.
그대로 하루 동안 두어 맛이
골고루 배게 한다. 사진은
하루 동안 둔 다리살과 족발.

7

족발을 자른다.
관절 주위에
칼을 넣는다.

8

관절을 부러뜨려서 정강이를
분리한다.

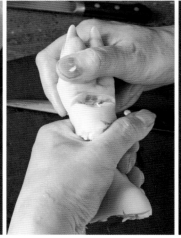

9

발끝의 관절에도 칼집을 넣고
손으로 잘라서 발을 분리한다.

10

발 가운데에 칼을 넣어
반으로 가른다.
정가운데를 벗어나면
자르기 힘들다.

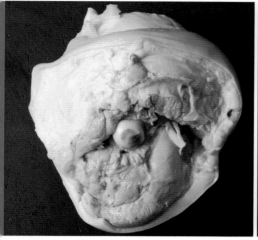

4

퐁 블랑에서 건져낸 다리살.

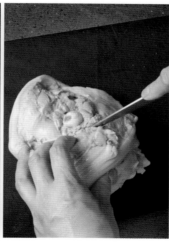

5

다리살 안쪽의 넙다리뼈 위에 칼을 넣는다.

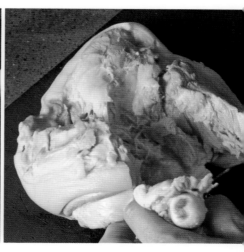

6

넙다리뼈를 빼낸다. 필요에 따라 잘라서 사용한다.

11

정강이와 발에서 뼈를 제거한다.

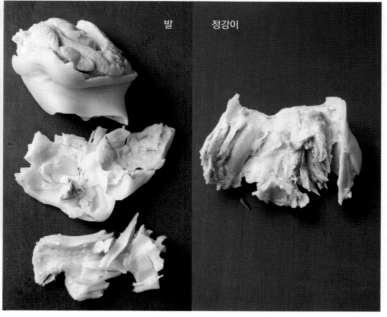

발　　정강이

12

뼈를 제거한 발(왼쪽)과 정강이(오른쪽).

새끼양

—

Agneau

새끼양 등심 숯불구이와 헤시코 파스타
p.94+p.193

새끼양 엉덩이살 로스트와 허브빵가루
p.100 + p.194

새끼양 어깨살 콩피와 양파 숯가루
p.106 + p.194

양고기 |AGNEAU, MOUTON|

새끼양은 미디엄으로 굽는 것이 좋다. 레어로 구우면 주위의 지방이 아직 녹지 않아 단단하고, 고기 내부는 육즙이 움직이지 않아 생고기의 쇠맛이 그대로 남아 있기 때문이다.

아뇨(Agneau)는 맛있게 구울 수 있는 굽기의 스트라이크존이 매우 좁기 때문에, 셰프들이 도전할 가치가 있는 고기이다. 무엇보다 먹을 때 맛있게 느껴지는 온도는 매우 높은데, 미디엄으로 완성하기에는 이 온도가 너무 높다. 먹을 때 맛있고 굽기 정도는 미디엄으로 구울 수 있는 가열 온도의 범위와 시간은 매우 제한적이다.

고기를 어떤 타이밍에서 어디까지 익혀야 좋을지는 각 매장의 상황에 따라 다르겠지만, 어떤 경우이든 최상의 상태로 제공할 수 있게 만드는 것이 중요하다. 고기가 조금 수축되어 뼈에서 분리되기 시작하면 60% 정도 익었다고 예측할 수 있다. 그리고 고기의 옆면과 단면을 손으로 눌러보아, 그 감촉으로 내부의 육즙이 움직이기 시작했는지 판단한다.

덜 익은 부분도 있으므로 그 부분까지 잘 익혀야 한다. 그런 다음 쇠꼬치로 찔러서 중심부분이 맛있게 먹을 수 있는 온도가 되었는지 확인한다.

여기서는 뉴질랜드산 암컷 양을 사용했지만, 프렌치요리에 많이 사용하는 젖을 먹여 키운 새끼양 '아뇨 드 레(Agneau de lait)'의 요리방법에 대해서도 알아두는 것이 좋다. 아뇨 드 레는 가격은 비싸지만 육질이 부드러우며 힘줄도 부드럽게 젤라틴화하기 때문에 제거할 것이 거의 없어서 버리는 부분이 적은 것이 장점이다. 보통의 아뇨(램)와는 전혀 다른 고기라고 할 수 있다.

양은 방목해서 풀을 먹기 때문에 풀향이 나고 육질도 단단하다. 반면 아뇨 드 레의 고기는 하얗고, 특유의 냄새도 거의 없으며, 표면의 피하지방도 얇다.

그러나 얇은 지방과 고기 사이에 있는 힘줄의 수는 램과 같다. 이 힘줄을 익히기 위해서는 덩어리로 굽는 것이 좋은데, 덩어리 고기를 속까지 익히려면 당연히 시간이 많이 걸린다. 문제는 이런 육질의 고기를 오랜 시간 구우면 맛있는 육즙이 빠져나간다는 것이다.

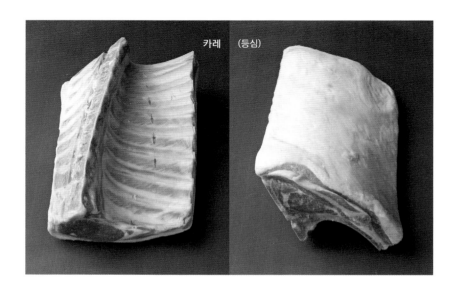

카레 (등심)

그렇다면 어떤 방법이 좋을까? 뼈가 붙어 있는 양 갈비로 손질해서 굽는 방법, 얇게 펼쳐서 잘 익는 파르스 등을 싸서 굽는 방법, 얇게 썰어서 숯불로 살짝 굽는 방법 등이 있는데, 어느 쪽이든 단시간에 익히는 방법이 적합하다.

개월 수에 따른 양고기의 분류

양고기는 개월 수에 따라 크게 램(Lamb), 호깃(Hogget), 머튼(Mutton) 등 3종류로 분류한다. 램은 생후 약 1년 미만의 새끼양으로 아직 영구치가 나지 않은 양이다. 램과 머튼의 중간을 호깃이라고 하는데, 아래쪽 영구치가 2개 나올 때까지를 말한다. 영구치가 2개 이상 나온 다 자란 양은 머튼이라고 한다. 그러나 이런 분류의 기준은 나라마다 조금씩 다르다.

레스토랑에서 사용하는 양고기는 대부분 램이고, 호깃까지 사용하기도 한다. 머튼은 고기가 단단하고 맛이 강해서 조림요리 등에 사용하는 것이 좋다.

램의 분류

램은 생육상태에 따라 다시 몇 가지 종류로 분류한다. 다음은 뉴질랜드의 분류방법이다.

'밀크 페드 램(아뇨 드 레)'은 풀을 먹기 전에 젖만 먹여서 4～6주 동안 키운 새끼양으로, 냄새가 없고 육질이 부드럽다. 시장에 유통되는 양이 적어서 매우 구하기 힘들다.

마찬가지로 젖만 먹여서 키운 새끼양 중에 6～8주 정도 된 양을 '영 램(Young lamb)'이라고 하며, 모유만으로 3～5개월 사육한 새끼양은 '스프링 램(Spring lamb)'이라고 부른다.

일정기간 젖을 먹인 뒤 풀을 먹여서 사육한 새끼양은 '그래스 페드 램(Grass fed lamb)'이라고 하는데, 대부분의 새끼양은 출하 전에 잡곡으로 사육하기 때문에 '그레인 페드 램(Grain fed lamb)'이라고 부른다.

참고로 프랑스에서 아뇨라고 부를 수 있는 것은 생후 300일(10개월)까지이다. 또한 생후 20～60일의 아뇨는 '아뇨 드 레'라고 하여 그 이후의 아뇨와 구분한다.

셀 (엉덩이살)

카레(등심) | 숯불구이

양의 등심을 '카레(Carré)'라고 하며 '카레 다 뇨(Carré d'agneau)'는 새끼양의 등심을 말한다. 카레는 보통 뼈째로 2등분하여 유통된다.

　풀향이 나는 아뇨는 숯불향과 궁합이 매우 좋기 때문에 여기서는 오븐이 아니라 숯불만으로 구웠다.

　카레에 붙어 있는 뼈는 등뼈(흉추)와 갈비뼈(늑골)로 L자 모양을 이룬다. 고기는 이 뼈에 의해 보호되므로 부드럽게 익고 살의 수축이나 육즙의 유출도 적다. 등뼈를 제거하고 구울 수도 있지만 남겨두는 것은 이 때문이다.

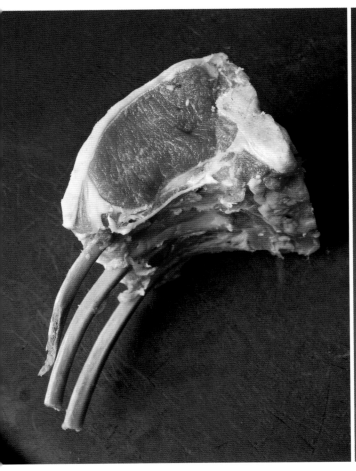 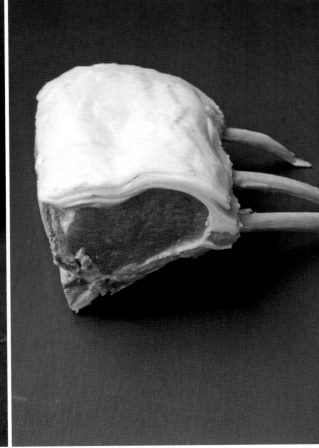

1 상온의 고기

2 숯불 고온 6분(고기를 데운다)

3 숯불 저온 9분

4 남은 열로 14분

5 숯불 저온 4분(60% 익힌다)

6 남은 열로 5분

7 숯불 저온(중심온도 65℃)

● 숯불은 고온과 저온으로 구분하여 사용한다.

● 자주 돌려주면서 조금씩 고르게 익힌다.

완성

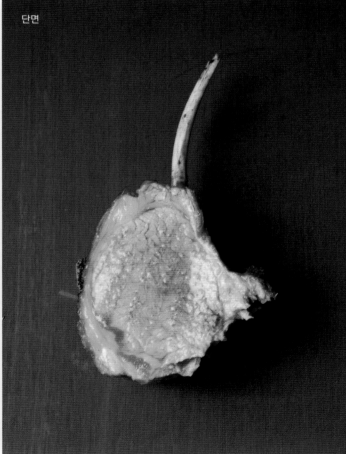

단면

1

갈비뼈가 위로 오게
놓고 뼈 사이에 칼을
넣는다. 갈비뼈를 따라
자르는 것이 아니라,
등뼈와 수직이 되게
잘라야 보기 좋다.

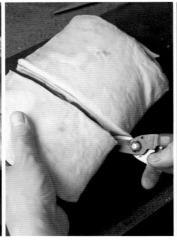

2

지방쪽에서도 칼을 넣어 고기를
자르고, 등뼈는 가위로 자른다.

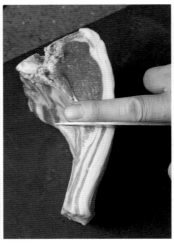

3

검지의 첫 번째 관절보다 조금 더
두꺼운 부분에 칼을 넣는다.

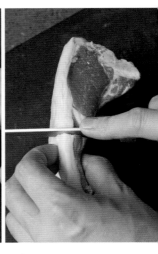

4

반대쪽에서도 칼을 넣는다.

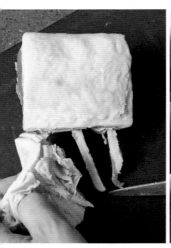

8

칼을 넣은 부분의
고기를 긁어낸다.
긁어낸 고기는
얇아서 고르게 익히기
어려우므로 다른
요리에 사용한다.

9

갈비뼈는 단면이 마름모모양이므로
뼈에 남아 있는 고기를 4방향에서
칼로 깨끗이 긁어낸다.

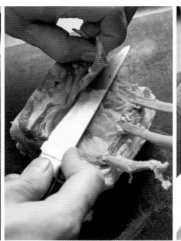

10

안쪽에 붙어 있는 지방과 얇은 막을
제거한다. 막이 그대로 있으면
잘 익지 않을 뿐 아니라, 막이
수축해서 단단해진다.

11

바깥쪽 표면의 지방 막은
말랐기 때문에 칼로
제거한다.

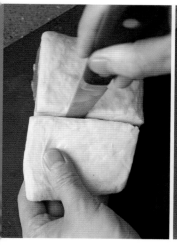
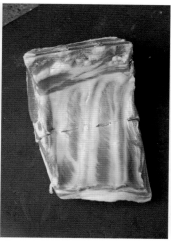

5
비계가 위로 오게 놓고
3과 **4**에서 낸 칼집을
똑바로 연결해서 자른다.

6
뼈쪽에도 기준이 되는 칼집을
넣어두는 것이 좋다.

7
6에서 낸 칼집 부분까지 갈비뼈를 따라 고기를 자른다.

12
고기 단면을 살짝 둥글게
만들기 위해 갈비뼈가
보이는 쪽의 가장자리
지방을 잘라낸다.

13
숯불을 피우고 고온(센불)에서
지방쪽부터 굽기 시작한다.
300g.

14
기름이 떨어져서 불꽃이 일면 위치를 옮긴다.
불꽃이 직접 닿으면 타기 때문에 주의한다.

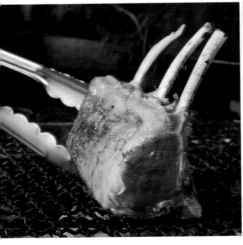

15
구운 색이 나면 고기를 세워서 다른 면을 굽는다. 아직은 내부의 단백질이 변성되지 않고, 고기를 따뜻하게 데우는 단계이다.

16
뼈쪽도 굽는다. 단면 이외의 모든 부분에 구운 색을 낸다. 굽기 시작해서 6분 경과.

17
전체적으로 구운 색이 나고 속까지 따뜻해지면 저온(약불)의 숯불로 옮긴다. 아직 내부 단백질은 변성되지 않았다.

21
뒤집어서 3방향에서 익힌다. 눌렀을 때 아직 부드러운 면이 있으면, 그 부분을 중점적으로 익힌다.

22
뼈에 붙어 있는 고기가 조금씩 수축된다(이 단계에서 60% 정도 익은 상태). **19**부터 **22**까지 4분 동안 데운 뒤, 불에서 내려 5분 휴지시킨다.

23
제공온도가 될 때까지 다시 저온(약불)에서 온도를 올린다 (중심온도는 65℃가 알맞다). 쇠꼬치를 고기 중심부분에 찔러 넣고 5초 동안 그대로 둔 뒤, 온도를 확인하고 불에서 내린다. 이 단계에서 252g.

24
등뼈에 최대한 가깝게 칼을 넣는다.

18
9분 정도 고기를 돌려가며
전체적으로 조금씩 고르게
익힌다. 고기를 손가락으로
눌렀을 때 탄력이 느껴지면
불에서 내린다.

19
불에서 내려 14분 휴지시키고,
다시 저온(약불)의 숯불에 올린다.

20
15와 비교해보면 고기의 상태가 상당히
변했다. 고기 내부도 조금씩 익기 시작했다.

25
뒤집어서 뼈를 자르고
24의 칼집에서 등뼈를
잘라 분리한다.

26
뼈가 1개씩 남게 잘라서 접시에 담는다.

완성　　　단면

셀(Selle)은 양의 엉덩이살을 말한다. 즉 카레 뒤에 있는 허리쪽 고기이다. 새끼양의 카레와 셀은 육질에는 큰 차이가 없지만, 고기의 모양이 다르기 때문에 모양을 살리는 방법을 선택했다.

셀은 허리뼈를 중심으로 양쪽에 살이 붙어 있는 상태로 1장으로 갈라서 펼치기 때문에, 뼈를 제거하고 반으로 자른 뒤 두툼한 부분을 갈라서 두께를 고르게 만들고 파르스를 말아서 구웠다.

STEP		POINT
1	상온의 고기	● 가열에 의해 모양이 변하는 것을 막기 위해, 고기 사이에 있는 힘줄과 얇은 막을 꼼꼼히 제거한다.
2	말아서 실로 묶는다	
3	프라이팬에서 센불로 리솔레	
4	오븐 260℃ 6분	
5	남은 열로 5분	
6	오븐 260℃ 4분	
7	남은 열로 3분	
8	오븐 260℃ 2분 30초 (중간에 뒤집는다, 제공온도로 올라간다)	

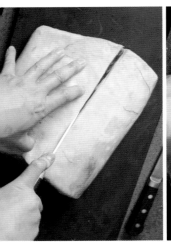

1

지방쪽이 위로 오게 놓고 뼈 위에 칼을 넣는다.

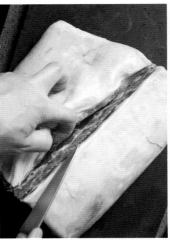

2

뼈의 옆면을 따라 칼을 넣어 고기를 분리한다.

3

고기를 뒤집어서 뼈의 양쪽에 붙어 있는 필레미뇽(Filet mignon)을, 주위의 얇은 막을 자르면서 분리한다.

4

고기를 반대로 돌려놓고 뼈 아래에 칼을 넣어서 뼈를 분리한다. **2**에서 넣은 칼집을 따라 반으로 자른다.

7

고기의 수축을 막기 위해 지방과 고기 사이에 있는 힘줄을 잘라낸다. 힘줄이 남아 있으면 힘줄이 고기를 당겨서 수축된다.

8

말기 쉽도록 지방 등을 잘라내고 네모나게 모양을 정리해서, 고기의 두께를 고르게 만든다.

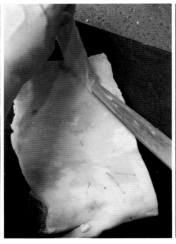

9

지방쪽이 위로 오게 놓고 표면의 마른 지방을 잘라낸다.

10

모양을 정리(정형)한 셀(335g). 필레미뇽(57g)은 셀의 길이에 맞춰 잘라둔다. 로뇽(23g)을 준비한다.

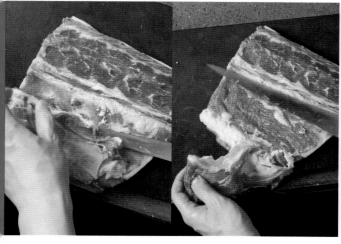

5
잘라서 분리한 살의 방향을 돌려서 안쪽의 얇은 막을 제거한다.

6
뼈 옆에 붙어 있는 힘줄을 잘라낸다.

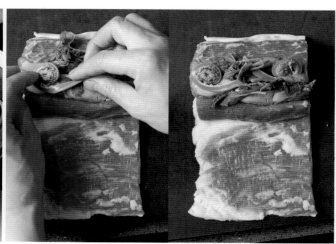

11
파르스(필레미뇽, 로뇽, 채소류)에 소금을 뿌린다.

12
필레 앞쪽에 파르스를 올린다.

13
앞에서부터 파르스를 감싸듯이 만다.

14

돌돌 말아 원통
모양으로 만든다.

15

두꺼운 실로 단단하게
묶는다(피슬레, Ficeler).
끝부분이 아래로 가게 놓으면 묶기
힘들기 때문에 위로 오게 놓는다.

16

먼저 양끝을 묶어 속에 넣은
파르스가 움직이지 않게 고정한
다음, 가운데를 묶는다.

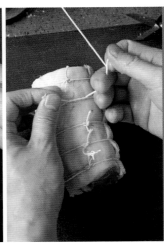

17

마지막으로 줄 사이를
1번씩 더 묶는다.
418g.

21

고기를 따뜻한 곳에
두고 휴지시키면서
남은 열로 5분 동안
익힌다. 중간에
고기를 돌려놓는다.
다시 260℃ 오븐에
넣어 4분 가열한다.

22

고기를 오븐에서 꺼내 따뜻한 곳에
두고 3분 동안 남은 열로 익힌다.
이 단계에서 80%까지 익는다.

23

다시 260℃ 오븐에서 2분 30초
가열하고, 제공온도로 올린다.
골고루 익도록 중간에 고기 방향을
한 번 돌려놓는다.

24

고기를 꺼낸다.
338g

18
마른 팬을 불에 올려 달군 뒤
17을 올려서 센불로 표면을
굽는다.

19
고기를 돌리면서 표면을 굽는다. 아직 내부는 익지
않았다. 구운 자국을 만들고 기름을 빼는 단계.

20
사진 정도로 구운 자국이 나고
고기가 익으면, 260℃ 오븐에 넣고
6분 동안 가열한다.

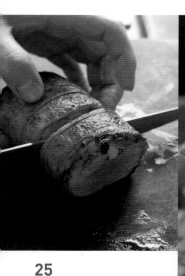

25
따뜻할 때 바로 자른 뒤, 단면에
허브빵가루를 듬뿍 올려서
샐러맨더로 굽는다.

에폴(어깨살) | 콩피

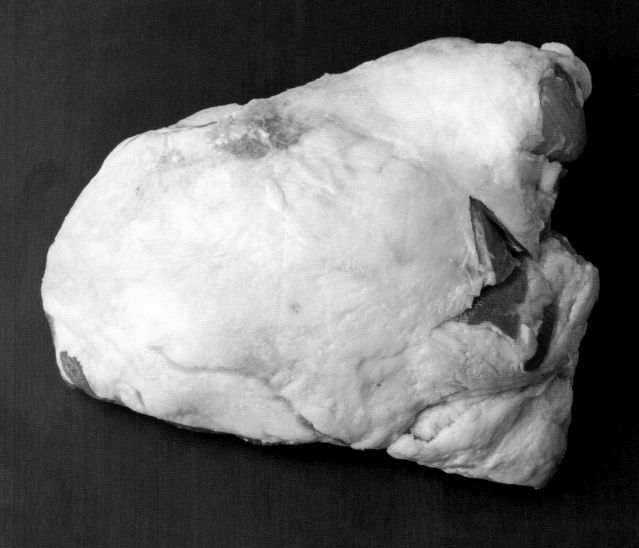

에폴(Épaule)은 양의 어깨살로 카레(등심)에 비해 힘줄이 많아 단단하다는 느낌이 들지만, 운동량이 많아 육즙과 감칠맛이 풍부한 부위이기도 하다. 많이 움직이기 때문에 근섬유가 복잡하게 얽혀 있다. 가열방법은 굽는 것도 좋지만 지나치게 단단해질 수 있으므로, 여기서는 콩피로 근섬유를 부드럽게 만드는 방법을 선택하였다.

콩피는 원래 소금으로 마리네이드해서 라드 속에 담가놓고 저온에서 장시간 가열하는 요리방법이다. 그러나 여기서 소개하는 것처럼 스팀컨벡션오븐을 사용하여 만든 오븐 콩피는 저장을 위해 만드는 원래의 콩피와는 근본적으로 목적이 다르다. 컨벡션오븐은 항상 안정된 온도로 가열할 수 있으므로, 양고기 어깨살처럼 작은 덩어리 고기에 가장 적합한 가열도구이다.

오븐으로 콩피를 만들면 고기는 부드러워져도 고유의 섬유질은 남아 있게 할 수 있다. 그래서 중심온도는 조금 높게 설정하여 90~93℃ 정도까지 올린다.

새끼돼지 햄(→p.84)과 같은 촉촉한 느낌은 없지만 오래 가열하여 고기는 부드러워진다.

또한 콩피용 기름으로 라드를 사용하면 산화한 냄새가 배기 때문에 냄새가 없는 다이하쿠 참기름(볶지 않은 생참깨에서 추출한 기름)을 사용하고, 마리네이드액에 넣은 타임과 마늘의 향이 고기에 직접 배어들게 한다. 덩어리 고기이므로 진공팩에 넣지 않고 그대로 기름에 넣고 가열하였다.

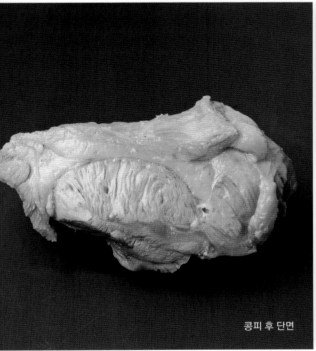

콩피 후 단면

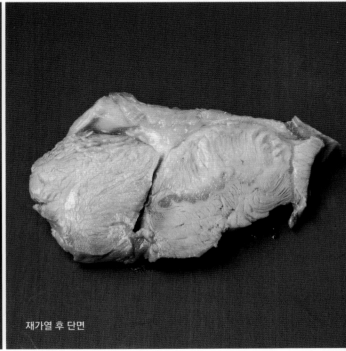

재가열 후 단면

STEP

1 상온의 고기

2 하룻밤 마리네이드

3 다이하쿠 참기름에 넣고 85℃로 가열

4 컨벡션오븐(열풍모드, 댐퍼 열고 습도 0%)
95℃ 1시간 10분

5 프라이팬에서 재가열
(중심온도 75℃, 제공온도로 올라간다)

POINT

● 마리네이드 향을 살리기 위해 콩피용 기름은 냄새가 없는 것을 사용한다.

● 가열할 때는 깊이가 있는 튀김망 트레이를 사용한다.

1

어깨살이 상온으로 돌아오면,
소금과 그래뉴당을 뿌리고
타임과 마늘을 올린다. 비닐랩을
덮어 냉장고에 하룻밤 두고
마리네이드한다.
1385g.

2

깊은 튀김망 트레이에 다이하쿠 참기름을
붓는다. **1**에서 마리네이드한 양고기를 물기를
닦아서 넣고 가열한다. 튀김망 트레이를
사용하는 것은 고기가 트레이 바닥에 직접 닿지
않게 하기 위해서이다. 배어나온 수분이 밑에
고이기 때문에, 고기에 수분이 닿는 것을
막기 위해서이기도 하다.

3

기름이 85℃가 될 때까지 가스레인지에서
가열한다.

5

꼬치가 쑥 들어갈 정도면 가열 끝.
1208g.

4

95℃ 컨벡션오븐에서 열풍모드(댐퍼 열고 습도 0%)로
1시간 10분 동안 가열한다.

6

제공할 때 프라이팬으로 구워서
제공온도(중심온도 75℃)까지 올린다.
사진과 같은 정도로 구운 색을 낸다.

Volaille & Laperea

—

가금류 & 새끼토끼

뿔닭 로스트와 홋카이도 화이트아스파라거스 무스
p.126 + p.195

새끼토끼 프리카세와 완두콩 프랑세즈
p.134 + p.196

가금류 |VOLAILLE|

여기서는 가금류 중에서도 개성이 강한 프랑스산 브레스(Bresse) 닭, 가나가와현산 토종닭인 아마기샤모[天城軍鶏], 그리고 이와테현 이시쿠로 농장에서 사육한 뿔닭(Pintade)의 3종류를 구워서 비교하였다.

브레스 닭은 고기의 결이 촘촘하고 맛이 깊으며 감칠맛이 강한 반면 수분은 적다. 또한 껍질은 고무처럼 두꺼우며, 특히 가슴쪽 껍질은 어떤 방법으로 가열해도 뻣뻣해서 먹기 힘들다는 것이 가장 큰 단점이다. 피하지방은 3종류 중 가장 적어서 브레스 닭 로스트에는 크림소스 종류를 곁들이는 경우가 많다.

일본산 뿔닭은 고기는 수분이 많아 촉촉하며, 껍질은 3종류의 닭 중에서 가장 얇고, 피하지방이 알맞게 축적되어 있다. 그래서 껍질의 맛을 잘 살려서 굽는 것이 무엇보다 중요하다. 또한 뿔닭 로스트에는 소스를 곁들이지 않는다. 소스가 없어도 될 정도로 고기 자체에 감칠맛이 있기 때문이다.

수입 뿔닭으로는 프랑스 루아르 지방의 라캉산 뿔닭이 유명하다. 일본산보다 조금 더 큰 라캉산의 경우 브레스 닭과 같은 정도로 익히는 것이 좋다.

마지막으로 아마기샤모는 일본의 토종닭이다. 샤모는 브레스 닭과 뿔닭의 중간 정도 되는 육질로, 브레스 닭보다 조금 더 부드럽고, 감칠맛이 풍부하며, 씹는 느낌이 좋다. 사진을 보면 알 수 있듯이 껍질은 황금색이 돌고 피하지방도 있다. 껍질 두께는 브레스 닭과 뿔닭의 중간 정도이다. 샤모도 뿔닭처럼 껍질의 맛을 잘 살려서 굽는 것이 좋다. 살짝 유분을 더하기 위해 버터와 쥐를 섞은 가벼운 소스를 곁들이면 샤모 로스트의 맛이 한결 잘 살아난다.

3종류 비교

오른쪽 사진을 보면 브레스 닭은 다리가 매우 크고 코프르(Coffre, 뼈가 붙어 있고 양쪽 가슴살이 이어진 상태)는 가늘고 긴 모양이다. 프랑스에서도 다리살을 좋아하기 때문에 다리가 큰 닭을 선호한다.

브레스 닭에 비해 뿔닭은 다리가 상당히 작다. 그러나 그만큼 가슴살은 크고 탄력이 있다.

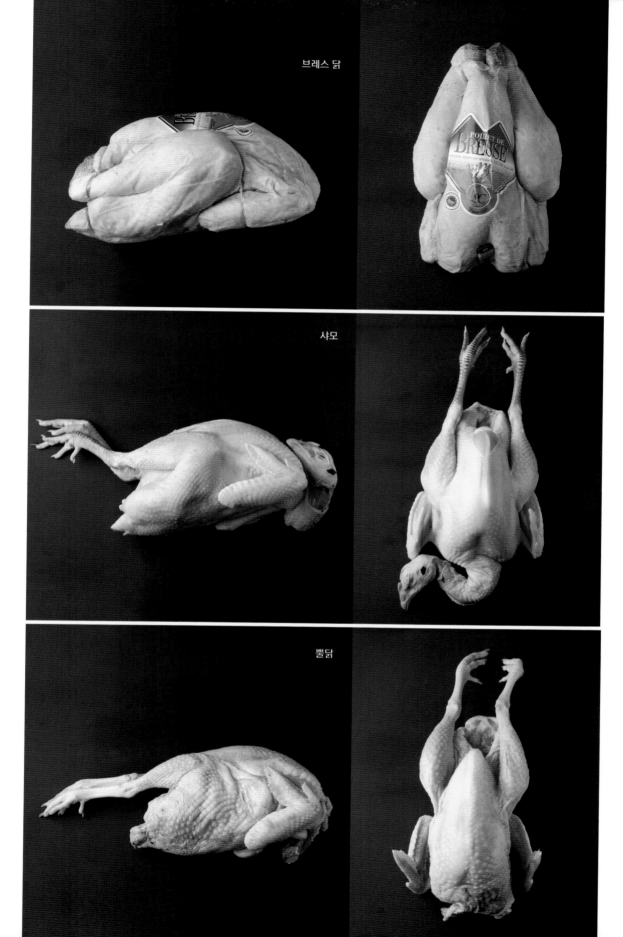

브레스 닭

샤모

뿔닭

뿔닭	샤모	브레스 닭
	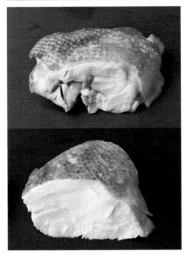	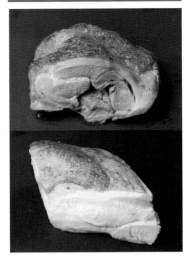

육즙이 풍부하고 섬세한 맛. 껍질은 얇고 피하지방이 고르게 퍼져 있다. 맛있는 육즙이 빠져나가지 않도록 저온의 컨벡션오븐에서 촉촉하게 굽는다.

지방의 양은 중간 정도. 육즙이 빠져나가지 않도록 저온의 컨벡션오븐에서 촉촉하게 굽는다. 고기 색깔은 하얗다.

고기는 하얗고 피하지방과 수분이 적다. 오븐에서 고온으로 구워 감칠맛을 응축시킨다. 두툼한 껍질이 바삭해지도록 시간을 들여서 천천히 리솔레한다.

프라이팬	중불로 리솔레	
▼		
컨벡션오븐	80℃(열풍모드, 댐퍼 열고 습도0%)에서 30분(80% 익힌다)	
▼		
프라이팬	껍질을 센불로 굽는다	
▼		
오븐	290℃에서 3~4분	

프라이팬	중불로 리솔레
▼	
컨벡션오븐	80℃(열풍모드, 댐퍼 열고 습도0%)에서 30분(80% 익힌다)
▼	
프라이팬	껍질을 센불로 굽는다
▼	
오븐	290℃에서 3~4분

프라이팬	중불로 리솔레
▼	
오븐	250℃에서 7분
▼	
남은 열	따뜻한 곳에서 5분
▼	
오븐	250℃에서 5분
▼	
남은 열	따뜻한 곳에서 4분
▼	
오븐	230℃에서 3분 (80% 익힌다)
▼	
프라이팬	껍질을 센불로 굽는다
▼	
오븐	290℃에서 3~4분

리솔레 후 구운 색 비교

오븐에 넣기 전 프라이팬으로 구웠을 때의 색깔로 비교한다.

가장 구운 색이 잘 나는 것은 뿔닭. 뿔닭에 비해 브레스 닭의 껍질은 오래 구웠는데도 불구하고 색이 조금 옅다. 껍질에 구운 색이 잘 나지 않는 것이 브레스 닭의 특징이다.

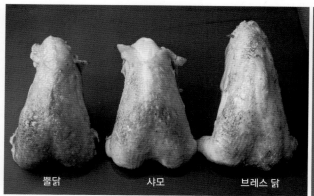

지도리 [地鶏]

일본의 토종닭인 지도리는 재래종 순계 또는 재래종의 양친이나 어느 한 쪽만을 사용한 닭으로, 재래종 유래 혈액백분율이 50% 이상인 것을 말한다. 사육기간은 80일 이상이고, 28일 이후에는 평사육(사육장 또는 야외에서 자유롭게 뛰어다니게 하며 사육하는 방법)으로 1㎡당 10마리 이하를 사육해야 한다.

메이가라도리 [銘柄鶏]

양친이 지도리에 비해 번식이 잘 되는 육용종으로, 털색깔이 갈색계열인 '아카도리'와 '브로일러(Broiler)'라고 부르는 일반적인 영계가 있다. 양쪽 모두 일반적인 사육방법과 다르게 키운 내용을 명확하게 표시해야 하며, 출하일령은 50~70일이다. 소매점에서도 이를 기준으로 일정한 표시를 한다.

일반 브로일러

단기간에 많은 고기를 얻기 위해 만든 육용종으로 출하일령은 50일이다. 현재는 주로 화이트 코니시(White cornish) 종과 화이트 플리머스록(White plymouth rock) 종을 교배한다.

가금류 코프르와 다리_
종류별 굽기

브레스 닭

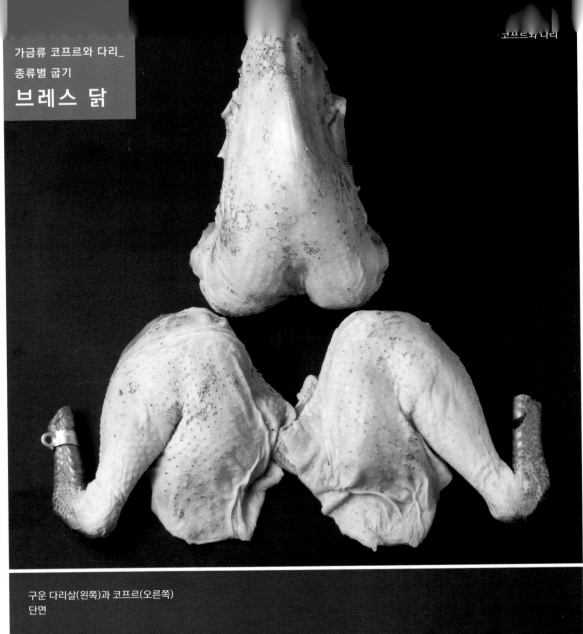

구운 다리살(왼쪽)과 코프르(오른쪽)
단면

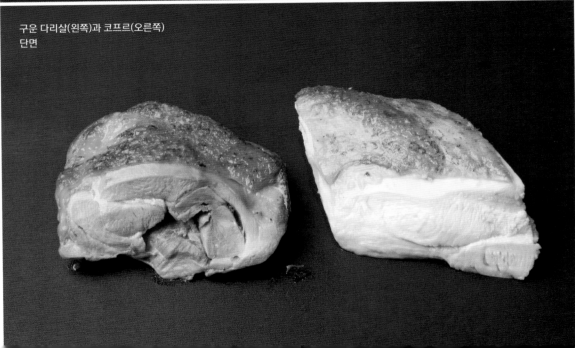

브레스 닭의 육질은 피하지방과 수분이 적기 때문에 풍부한 육즙을 기대할 수는 없지만, 씹는 맛이 있으며 감칠맛이 강하다. 이런 특징을 살리기 위해 컨벡션오븐이 아닌 일반 오븐에서 고온으로 구워 응축된 감칠맛을 강조하였다. 원래 적었던 수분이 더 빠져나가기는 하지만, 잘 씹어서 고기의 맛을 느낄 수 있게 완성하였다.

브레스 닭의 가장 큰 문제는 껍질이다. 피하지방이 적은 브레스 닭은 피하지방 대신 두꺼운 껍질에 싸여 있어서 먹기 힘들기 때문에, 껍질을 제거하고 제공하는 경우가 대부분이다. 특히 가슴살은 껍질이 두껍기 때문에 다 익힌 다음 껍질을 빼고 제공하는 경우가 많다.

여기서는 어떻게든 껍질을 맛있게 먹을 수 있도록, 프라이팬에서 오랫동안 구워 껍질의 수분을 철저히 빼서 바삭하게 만들었다. 껍질을 오랫동안 구우면 오븐 가열에도 도움이 된다.

브레스 닭은 AOC(원산지 통제 명칭) 인증을 받은 프랑스 · 브레스 지방의 닭으로, 포장에 인증라벨을 붙여서 출하된다(→p.115).

STEP

1 상온의 고기

2 버너로 말린다

3 부위별로 분리한다

4 버터를 바른다

5 프라이팬에서 중불로 리솔레(코프르), 약불로 리솔레(다리)

6 오븐 250℃ 7분

7 남은 열로 5분

8 오븐 250℃ 5분

9 남은 열로 4분

10 오븐 230℃ 3분(80% 익힌다)

11 제공할 때 잘라서 나눈다

12 올리브유를 두른 프라이팬에 껍질을 굽는다

13 오븐 290℃ 3~4분(제공온도로 올라간다)

POINT

● 껍질에 구운 색이 잘 나지 않으므로, 타지 않도록 주의하면서 천천히 오래 굽는다.

● 남은 열로 익힐 때는 껍질이 위로 오게 해서 , 바삭한 식감을 유지한다.

1

코프르 껍질에 솔로 버터를 바른다.
845g.

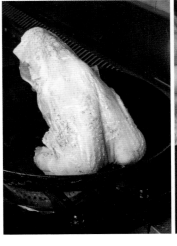

2

프라이팬에 올리브유를 두르고
중불(버터가 타지 않는 온도)로 달군
뒤, 목껍질부터 구워서 가슴껍질이
펴지게 만든다.

3

동시에 다리도 프라이팬에
굽는다. 먼저 다리의 껍질쪽에
솔로 버터를 바른다.
2개 840g.

7

코프르의 양쪽 옆면도
구운 색이 잘 나도록
중불로 굽는다.

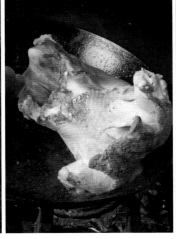

8

프라이팬의 가장자리를 이용하여
전체에 구운 색을 고르게 낸 뒤,
꺼내서 망 위에 올린다. 코프르의
껍질도 구운 색이 잘 나지 않는다.

9

다리와 코프르를 250℃ 오븐에서
7분 동안 굽는다. 다리가 익는 데
시간이 더 오래 걸리므로, 온도가
높은 오븐 안쪽에 넣는다.

10

비교적 온도가 높지 않은
오븐 앞쪽에 코프르를
넣는다.

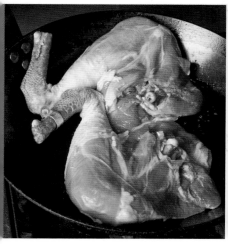

4

프라이팬에 올리브유를 두르고 약불로
달군 뒤, 껍질쪽부터 굽기 시작한다.
껍질에 구운 색이 잘 나지 않는 것이
브레스 닭의 특징이므로, 10분 정도
구워서 구운 색을 낸다(뿔닭보다 2배 정도
오래 굽는다).

5

사진과 같은 정도로 구운 색이 나면 고기쪽을
살짝 구워서 꺼낸다.

6

코프르가 다 구워질 때까지, 다리는
껍질쪽이 위로 오게 망에 올려서
따뜻한 곳에 보관한다. 껍질이 아래로
가면 증기에 의해 눅눅해진다.

11

다리와 코프르를 꺼내서
5분 동안 따뜻한 곳에 두고
남은 열로 익힌다.

12

다리와 코프르를 다시 250℃
오븐에 넣고 5분 동안 가열한다.

13

다리와 코프르를 꺼내서
4분 동안 따뜻한 곳에 두고
남은 열로 익힌다.

14

다리와 코프르를
230℃ 오븐에 넣고
3분 동안 가열한다.

15
다리와 코프르를
오븐에서 꺼낸다.
고기의 탄력으로
어느 정도 익었는지
판단한다. 80% 익은
코프르는 775g,
다리 2개는 735g.

16
제공할 때 잘라서 나눈다. 먼저 코프르를 자른다.
가슴쪽이 위로 오게 놓고 가슴뼈를 따라 칼을 넣는다

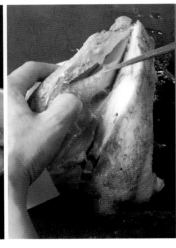

17
뼈를 따라 가슴살을 자른다.
안심도 가슴살과 함께
잘라낸다.

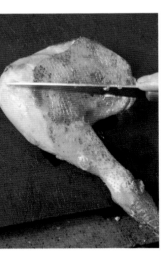

21
다음은 다리를 자른다.
사진에서 칼로 가리키는
곳을 자르는 것이
아니라, 수직으로 잘라야
고기를 버리지 않고
모두 사용할 수 있다.

22
정강이를 잡아 다리를 세우고,
수직으로 칼을 넣는다. 나머지
다리도 **22~27**과 같은 방법으로
작업한다.

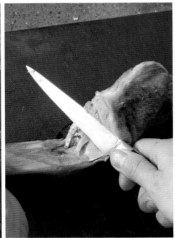

23
다리와 정강이를 잡아당기면
관절이 보이므로, 칼로 관절을
자른다.

24
다리와 정강이를 잘라서
2개로 분리한다.

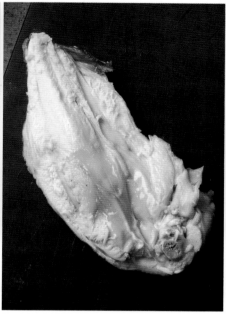

18
한쪽 가슴살을 자른다. 다른 한쪽의
가슴살도 같은 방법으로 잘라서
분리한다.

19
잘라서 분리한 가슴살.

20
닭봉이 붙어 있던 곳을 잘라서
모양을 정리한다.

25
위쪽 다리의 넙다리뼈
양쪽에 칼을 넣어 뼈를
꺼낸다.

26
넙다리뼈를 잡아 뺀 다음,
정강이와 이어진 관절에서
고기를 잘라 분리한다.

27
두꺼운 혈관을 제거한다. 이 혈관이 익을 때까지 가열하면
고기가 지나치게 익어서 단단해지므로 이때 제거한다.
가슴살과 다리살 모두 프라이팬과 오븐에서 제공온도로 데운
뒤 접시에 담는다.

조류를 다리와 코프르로 분리하는 방법

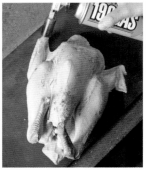

1

버너로 껍질을
플랑베(Flamber)해서
말린다. 동시에 껍질의
수축방향을 확인한다.

2

윗날개(봉) 중간에서 아랫날개
(윙)를 자른다. 윗날개를 조금
남겨두면 안정되게 구울 수
있다. 자른 날개는 육수에 사용.

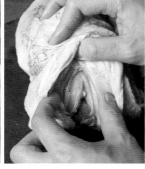

3

빗장뼈를 뺀다. 먼저 가슴쪽이
위로 오게 놓은 뒤, 목쪽의
껍질을 벗기고 V자 양옆에
칼을 넣어 뼈를 드러낸다.

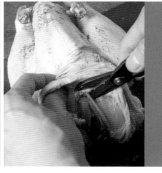

4

V자의 꼭짓점을 가위로
자른다.

9

등쪽이 위로 오게 놓고
가운데에 세로로 칼집을 넣어
껍질을 자른다.

10

가슴쪽이 위로 오게 놓고
다리를 손으로 벌린다.

11

엉덩뼈쪽에 있는 소리레스
(Sot-l'y-laisse)를 손으로
떼어내고, 다리 관절을
잘라서 분리한다. 브레스 닭은
다리가 크기 때문에 소리레스도
다른 닭보다 크다.

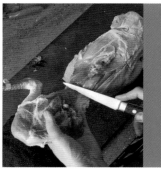

12

다리를 손으로 잡아당기면서
꼬리까지 칼을 넣어 잘라낸다.

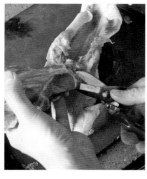

17

몸통뼈와 붙어 있는 곳을
가위로 잘라 코프르를 완성.

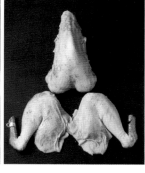

18

잘라서 나눈 코프르와 다리.

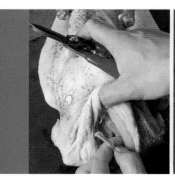

5
손가락으로 앞쪽으로
잡아당겨서 빼낸다.

6
빗장뼈. 빗장뼈는 윗날개 관절
바깥쪽에 붙어 있어서,
분리하지 않고 그대로 구우면
자를 때 칼이 안 들어간다.

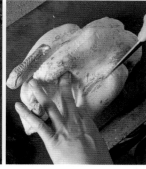

7
가능한 한 껍질이 가슴쪽에 남
아 있도록 손가락으로 껍질을
가슴 쪽에 붙인 채, 다리 안쪽
에 칼을 넣어 껍질을 자른다.

8
옆으로 돌려서 **7**의 칼집부터
등쪽까지 칼을 넣는다.

13
다른 쪽 다리도 자른다.
7과 같은 방법으로 껍질이
가슴쪽에 남아 있도록
다리 안쪽의 껍질을 자른다.
8의 칼집과 연결되도록
칼을 넣는다. 등쪽의 칼집은
열십자가 된다.

14
다리를 손으로 벌리고
소리레스를 손으로 떼어낸다.
칼로 관절을 잘라서 분리하고,
꼬리쪽까지 잘라낸다.

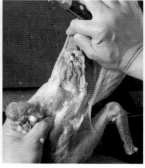

15
다리를 손으로 잡아당겨서
분리한다.

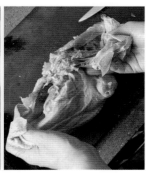

16
몸통뼈 가운데에 칼을 넣어
자르고, 등뼈를 들어 올려
분리한다.

껍질을 먼저 말리는(플랑베) 이유

버너로 플랑베하면 표면이 마르는 동시에 껍질이 조금 수축된
다. 수축되는 방향을 보면 가열에 의해 껍질이 어느 방향으로,
어느 정도 수축될지 예측할 수 있다. 이런 예측은 분리할 때 칼
을 넣는 위치를 결정하는 기준이 된다.

뿔닭

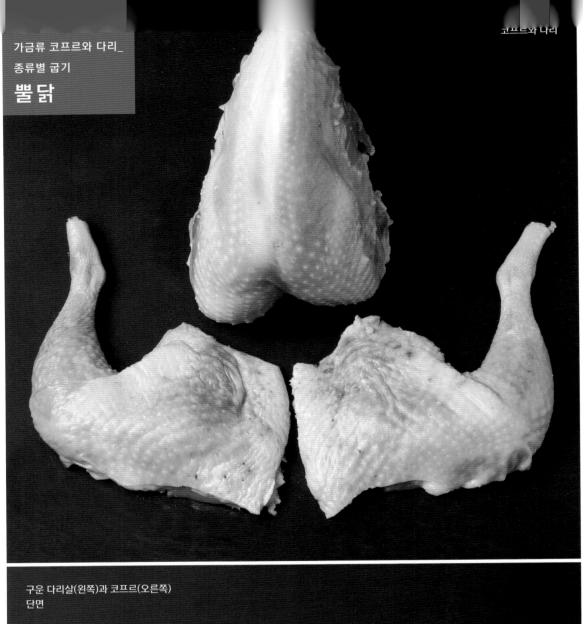

구운 다리살(왼쪽)과 코프르(오른쪽)
단면

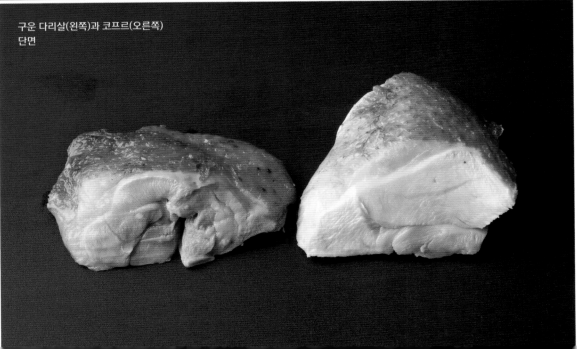

이와테현 이시구로 농장에서 사육된 뿔닭(팽타드)을 사용하였다. 일본산 뿔닭은 프랑스 라캉산 보다 조금 작다.

일본산 뿔닭은 다리는 작고 가슴살은 크고 부드럽게 부풀어 있으며, 고기는 육즙이 풍부하고 맛이 부드러워 일본에서 매우 인기가 높다. 피하지방이 많은 편이어서 구운 색이 잘 나기 때문에 고기가 부드럽게 부푸는 로스트에 적합한 닭이다. 껍질은 얇아서 매우 가볍고 바삭한 식감으로 완성된다.

샤모처럼 수분이 많고 맛이 진하지 않으므로 80℃ 컨벡션오븐에서 촉촉하게 가열한다.

STEP

1 상온의 고기

2 버너로 말린다

3 부위별로 분리한다

4 버터를 바른다

5 프라이팬에서 중불 ~ 강불로 리솔레

6 컨벡션오븐(열풍모드, 댐퍼 열고 습도 0%) 80℃ 30분(80% 익힌다)

7 제공할 때 잘라서 나눈다

8 올리브유를 두르고 달군 프라이팬에 껍질을 굽는다

9 오븐 290℃ 3 ~ 4분(제공온도로 올라간다)

POINT

● 얇은 껍질의 맛이 잘 살도록 바삭하게 굽는다.

● 껍질이 얇기 때문에 뜨거운 철판에 직접 닿으면 찢어질 수 있으므로, 망 위에 올려서 오븐으로 굽는다.

컨벡션오븐 안에서의 위치

컨벡션오븐은 저온으로 장시간 가열할 때는 위치에 신경을 쓰지 않아도 되지만, 고온으로 단시간 가열할 경우에는 위쪽의 온도가 더 높다.

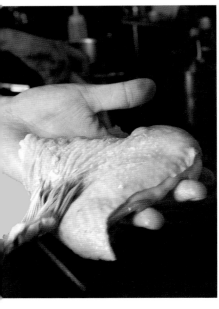

1

다리와 코프르의 껍질쪽에 솔로
버터를 바른다. 코프르 820g,
다리 2개 530g.

2

프라이팬을 중불로 달구고 올리브유를 조금
두른 뒤 코프르를 굽는다. 먼저 목껍질을 구워서
가슴껍질이 펴지게 한다. 처음에는 모양을
정리하는 단계이므로 조금 약한 불로 굽는다.

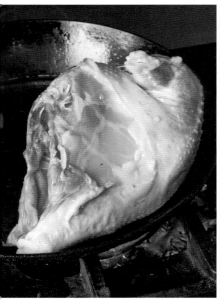

3

다리는 고온으로 가열한 프라이팬에서
껍질쪽부터 센불로 충분히 굽는다.

7

코프르를 굽는다. 코프르의 정면과
양쪽 옆면의 껍질에 구운 색을 낸다.

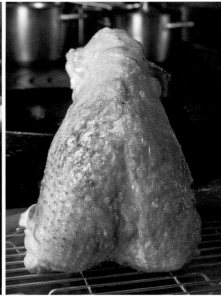

8

구운 색이 제법 나기 시작했다.

9

망 위에 올려서 기름을 뺀다.
브레스 닭이나 샤모에 비해 뿔닭은
구운 색이 잘 나는 것이 특징이다.

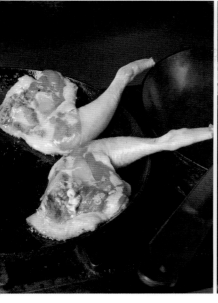

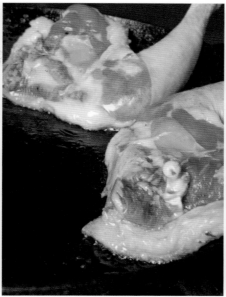

4

다리 끝부분을 프라이팬 가장자리에 걸쳐 세워서, 몸통과 붙어 있던 부분에도 구운 색이 고르게 나게 굽는다.

5

다리 주위가 하얗게 변하고 익기 시작하면 뒤집을 때이다.

6

고기쪽을 살짝 굽는다. 껍질을 눌러서 수분이 빠져나가 마른 판자 같은 상태가 되었는지, 껍질의 두께는 적당한지 등을 확인한다.

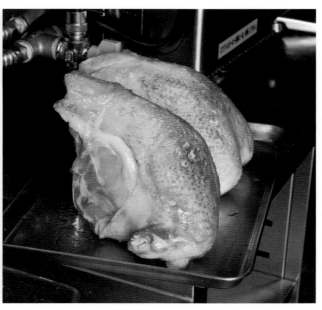

10

다리를 그대로 오븐팬에 올리면 열이 직접 전달되므로, 튀김망 트레이에 올려 80℃ 컨벡션오븐에서 30분 가열한다. 구운 다리 2개는 470g.

11

코프르는 오븐팬에 직접 올려서 **10**과 함께 컨벡션오븐에 넣고 30분 가열한다. 속살쪽이 오븐의 바람이 나오는 방향으로 향하게 놓으면 좀 더 빨리 익는다. 코프르는 윗날개가 남아 있어서 세워서 올리면 오븐팬에 닿는 면적이 작기 때문에 직접 오븐팬에 올려도 좋다. 구운 코프르는 767g. 잘라서 분리하는 과정은 브레스 닭(→ p.122)과 같다.

가금류 코프르와 다리_
종류별 굽기
샤모

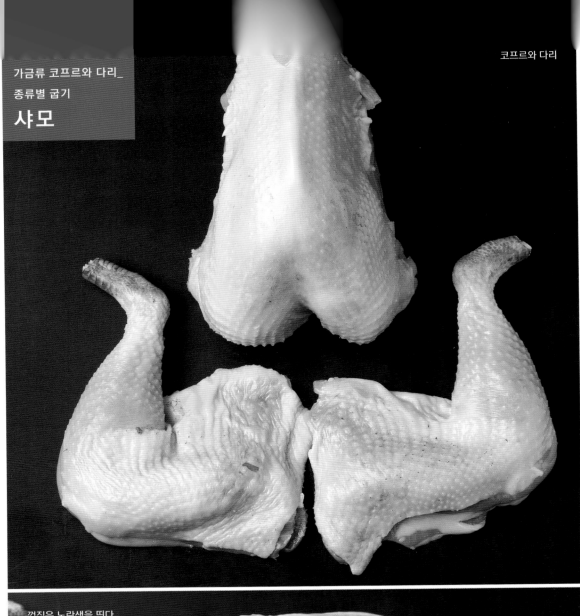

껍질은 노란색을 띤다

아마기샤모[天城軍鷄]는 '검은색 계열의 샤모'와 '황반 플리머스록(Plymouth rock)'을 교배하여 만든 일본의 토종 닭이다. 암컷은 털색깔이 검은색이며, 수컷은 흑백의 반점이 있다.

고기에 함유된 수분과 지방, 고기의 단단한 정도, 껍질의 두께 등은 브레스 닭과 뿔닭의 중간 정도이다. 일본 산 닭 중에서도 육질이 상당히 좋고 깊은 맛이 있는 닭이다. 껍질은 노란색을 띠지만 피하지방 때문은 아니다.

브레스 닭과 비교하면 수분이 조금 더 많고 그만큼 고기 맛은 진하지 않기 때문에, 풍부한 육즙과 섬세한 맛을 살리기 위해 80℃ 컨벡션오븐에서 익혔다.

구운 다리살(왼쪽)과 코프르(오른쪽)
단면

STEP		POINT
1	상온의 고기	● 껍질은 수축되기 쉬우므로 불조절에 주의해서 리솔레한다.
2	버너로 말린다	
3	부위별로 분리한다	
4	버터를 바른다	
5	프라이팬에서 센불로 리솔레	
6	컨벡션오븐(열풍모드, 댐퍼 열고 습도 0%) 80℃ 30분(80% 익힌다)	
7	제공할 때 잘라서 나눈다	
8	올리브유를 두른 프라이팬에서 껍질을 굽는다	
9	오븐 290℃ 3~4분(제공온도로 올라간다)	

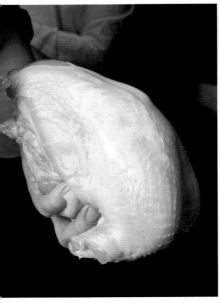

1

코프르 껍질에 솔로 버터를 바른다.
870g.

2

프라이팬에 올리브유를 두르고 중불로 달군 뒤,
가슴쪽이 위로 오게 놓고 껍질이 팽팽하게
펴지도록 센불로 목껍질을 굽는다.

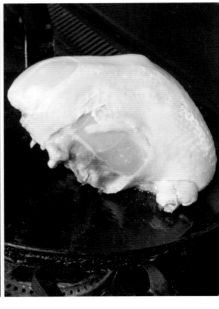

3

코프르의 옆면을 굽는다. 구운 색이 나면
프라이팬 가장자리를 이용하여 가슴쪽에도
구운 색을 낸다.

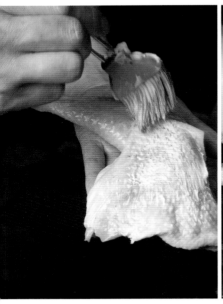

7

다리 껍질쪽에도 솔로 버터를
바른다. 2개 615g.

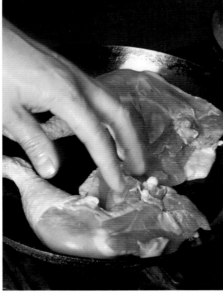

8

다리는 껍질쪽부터 굽는다. 껍질이 많이
수축되므로 뿔닭보다 조금 약한 불로 굽는다.

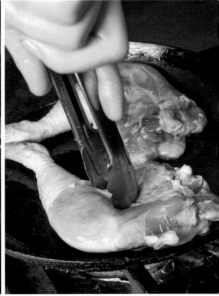

9

다리는 관절 주변이 잘 익지 않으므로
그 부분을 눌러가며 굽는 것이 좋다.

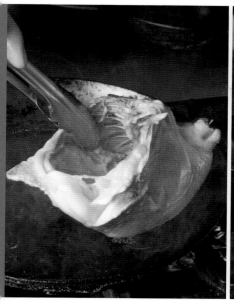

4

가슴 위쪽도 굽는다.

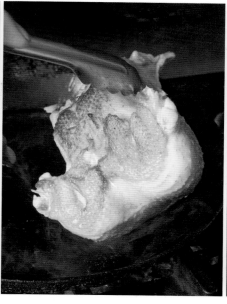

5

반대쪽 옆면에도 구운 색을 낸다.

6

껍질에 사진과 같은 정도로 구운 색이
나면 꺼낸다.

10

껍질에 사진과 같은 정도로 구운 색이 나면
뒤집어서 고기쪽을 살짝 굽는다. 손가락으로
눌러서 고기에 탄력이 느껴지면 꺼낸다.

11

구운 색을 낸 다리.
＊ 그 다음은 80℃ 스팀컨벡션오븐으로 30분 동안 가열한다.
오븐으로 굽는 과정은 p.129의 **10~11**과 같다. 구운 코프르는
790g, 다리 2개는 545g. 잘라서 분리하는 과정은 브레스
닭(→p.122)과 같다.

라프로(새끼토끼의 다리살) | 프리카세

라프로(새끼토끼)의 다리살은 프리카세(Fricassée, 스튜)로 만든다. 라프로는 지방이 적고, 토끼 특유의 향이 강하며, 육즙에서는 허브 같은 향이 난다. 라프로처럼 흰 살코기를 지나치게 구우면 수분이 빠져나가 퍼석해지기 쉽고, 향도 날아가기 때문에 수분을 보충하면서 익힐 수 있는 프리카세를 선택하였다.

프리카세에는 충분히 리솔레해서 진하게 구운 색을 내는 프리카세와 연하게 구운 색을 내는 프리카세가 있다. 진하게 색을 낼 때는 고기에 열을 충분히 전달해서 익히고, 연하게 색을 낼 때는 부드럽게 열을 전달해서 익힌다. 여기서는 두 번째 방법을 선택하여 라프로를 부드럽게 익혀 촉촉한 프리카세를 만들었다. 따라서 리솔레의 목적은 구운 색을 진하게 내는 것이 아니라(색을 전혀 내지 않는 것은 아니다), 라프로와 궁합이 좋은 버터를 사용하여 살짝 구운 자국을 만들어서 버터향이 배게 만드는 것이 목적이다.

리솔레한 뒤 고기를 익히는데, 끓여서 원하는 중심온도가 되면 불을 끈다. 이것이 라프로 프리카세를 만드는 방법이다.

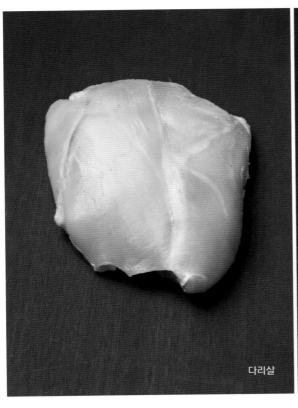

다리살

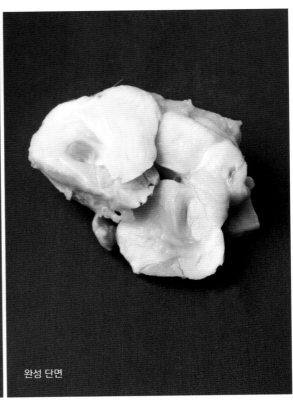

완성 단면

STEP

1 부위별로 분리한다

2 냄비에서 리솔레

3 꺼낸다

4 베이컨과 양파 에튀베(étuver)를 볶는다

5 고기를 다시 넣고 퐁(육수)을 부어서 5분 동안 뭉근하게 끓인다

6 다시 약불로 3~4분

7 비닐랩을 덮고 남은 열로 2~3분

8 제공할 때 재가열

POINT

● 흰 살코기는 수분이 빠져나오기 쉬우므로 센 불로 리솔레하지 않는다. 또한 센불로 오래 끓이지 않는다. 어디까지나 천천히 뭉근하게 끓인다.

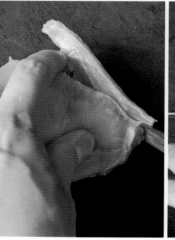

1
다리에 남아 있는 등뼈와 꼬리가 붙어 있던 부분의 뼈를 잘라낸다.

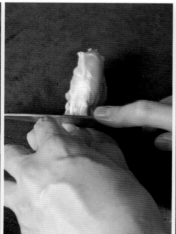

2
정강이를 잘라낸다.

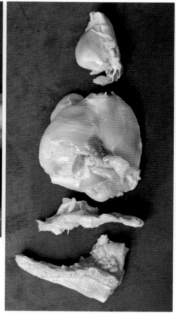

3
위에서부터 정강이, 다리, 관절뼈, 꼬리가 붙어 있던 부분과 등뼈.

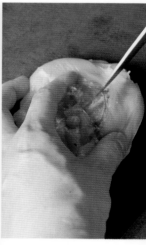

4
다리 안쪽이 위로 오게 놓고 넙다리뼈 위에 칼을 넣어 뼈를 드러낸다.

5
넙다리뼈를 꺼내서
잘라낸다.

6
뼈를 제거한 다리살을 사용한다.
140g. 구운 색을 내는 요리가
아니므로 표면에 버터를
바르지 않아도 된다.

7
냄비에 버터 15g을 넣어 녹이고,
마늘 1쪽을 넣어 약불로 향을 낸다.

8
다리살을 넣는다. 불세기는
사진처럼 버터가 끓을
정도로 조절한다. 표면에
구운 색을 어느 정도 내기는
하지만 진하게 내지 않는다.

12
베이컨에 고소한 향이
나면 양파 에튀베
(→p.200) 50g을
넣고 화이트와인
35g을 부어 센불로
끓여서 알코올을
날린다.

13
퐁 드 라프로(→p.196) 100g을
넣고 끓으면 **10**에서 꺼내둔
다리살을 넣는다. 이때 다리살은
남은 열로 10% 정도 익은 상태.

14
뚜껑을 닫지 않고 살짝 끓을 정도의
불세기로 퐁을 끼얹으면서 5분 동안
가열한다. 중간에 뒤집는다.
이 단계에서 75% 정도 익는다.

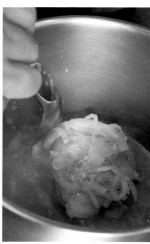

15
불을 줄이고 3~4분 더
가열한다. 135g.

9
구운 색은 사진과 같은 정도로 낸다. 이 과정에서 내부는 거의 익지 않는다.

10
뒷면에도 옅은 색이 나면 꺼낸다.

11
10의 냄비에 잘게 다진 베이컨 16g을 넣고 볶는다. 베이컨은 구운 색이 나지 않고 고소한 향이 조금 느껴질 정도로 볶는다.

16
트레이에 고기를 꺼내놓고 비닐랩을 씌워서 2~3분 그대로 둔다.

17
냄비에 남아 있는 육즙을 졸인다. 소금과 점증제 1g을 넣고 살짝 걸쭉하게 만든다.

18
껍질을 벗긴 완두콩 50g과 올리브유 8g을 넣고 걸쭉하게 만든다.

19
토끼고기를 다시 넣고 국물을 끼얹으면서 제공온도로 데운다.

Gibier

지비에

멧돼지 파르스와 레드소스
p.154 + p.196

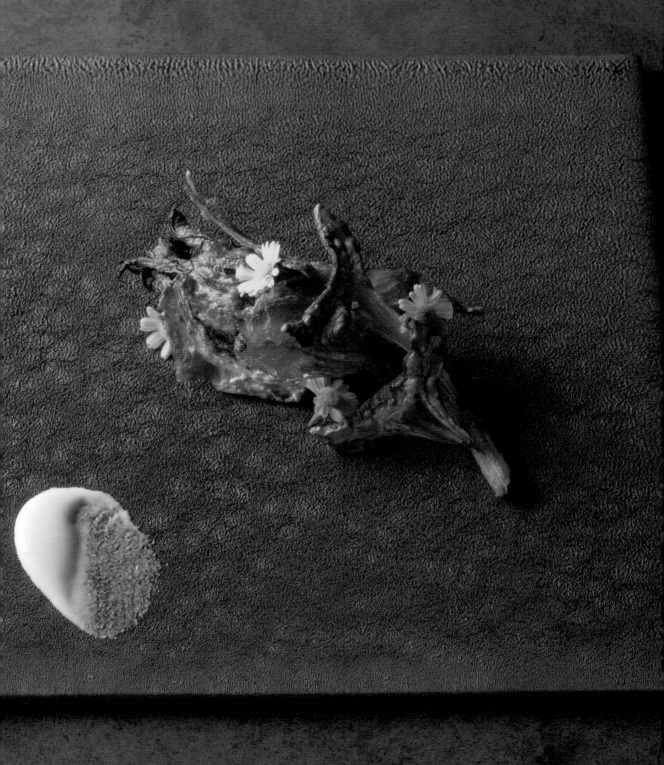

멧돼지고기와 주키니꽃 파르스
p.158 + p.197

청둥오리 로스트, 순무와 가쓰오 육수
p.162 + p.197

멧비둘기 베녜와 플랑
p.169 + p.197

들꿩과 내장 리소토
p.174 + p.198

직박구리 숯불구이와 야생귤
p.180 + p.199

지비에 |GIBIER|

가을부터 겨울은 지비에의 계절이다. 지비에는 이 시기의 메뉴에 빼놓을 수 없는, 계절이 느껴지는 식재료이다. 지비에란 사냥으로 잡은 야생짐승의 고기를 말한다.

예전에는 매장에서 사용하는 지비에의 대부분이 수입이었는데, 지금은 좋은 품질의 일본산 지비에를 구할 수 있게 되어 플로릴레주에서는 대부분 일본산을 사용한다.

일본에서 지비에의 해금기간은 11월 15일부터 다음 해 2월 15일까지로 정해져 있지만(지역에 따라 조금 다르다), 최근 농작물 피해가 증가하면서 꽃사슴이나 멧돼지 등을 해를 끼치는 짐승으로 지정한 자치단체에서는 그에 대한 대책으로 여름철에도 포획할 수 있게 하였다.

지금까지는 지비에라고 하면 개성 있는 숙성향이 특징이어서 그에 맞는 농후한 소스를 조합하였다. 오래 숙성시켜서 감칠맛이 응축된 꿩을 프랑스어로 'faisan'이라고 하는데, 숙성을 의미하는 'faisandage'라는 단어는 꿩의 숙성에서 유래된 말이다.

그러나 최근에는 적당히 숙성시켜서 먹기 좋은 지비에를 선호한다. 매장에서도 지비에 본래의 풍미를 살리기 위해 악취가 날 정도로 숙성시킨 지비에는 사용하지 않는다. 따라서 조합하는 소스도 예전처럼 농후한 것이 아니라, 쥐(jus)나 레드와인 계열로 가볍게 만든 것을 많이 사용한다.

에조사슴

멧돼지

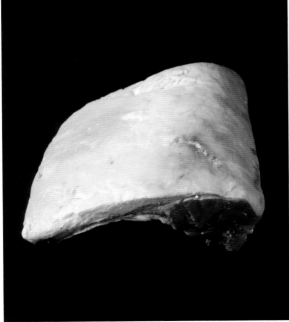

청둥오리

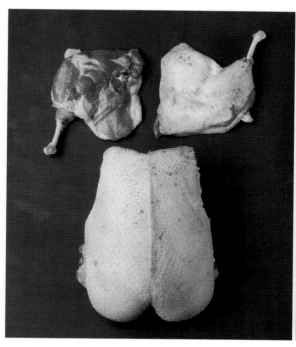

들꿩

멧비둘기

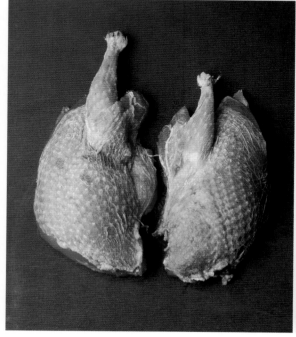

직박구리

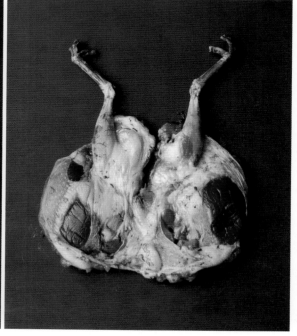

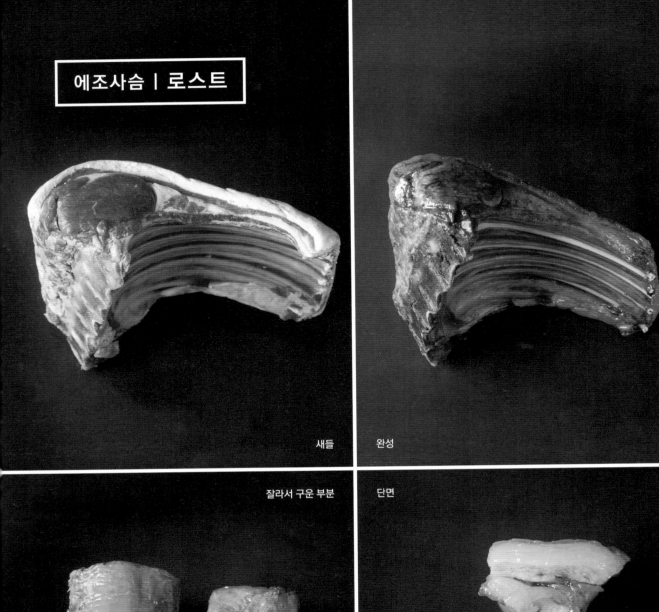

에조사슴 | 로스트

새들

완성

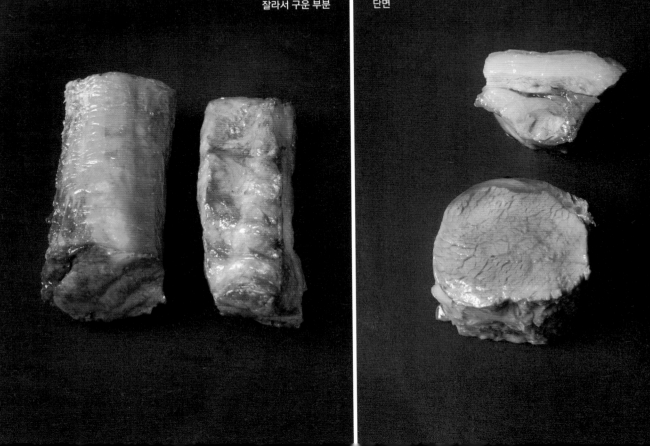

잘라서 구운 부분

단면

지비에는 사냥꾼의 실력도 중요하지만 잡은 뒤 신속하고 적절한 방법으로 방혈처리와 내장제거를 하는 것이 무엇보다 중요하다. 이 과정이 제대로 이루어지지 않으면 고기에서 안 좋은 냄새가 나서 사용할 수 없기 때문이다. 적절하게 처리한 고기를 사용하면 냄새가 거의 없기 때문에 리솔레하지 않고 구울 수 있어 지비에 본래의 향을 즐길 수 있다.

여기서는 12월에 잡은 20kg짜리 도카치산 에조[蝦夷]사슴의 새들(Saddle, 목살부터 엉덩이살까지)에서 허리에 가까운 부분의 등심을 사용하였다. 이 부위는 가브리살이 없으며 소고기로 치면 샤토브리앙에 해당한다. 또한 고기의 결도 고르기 때문에 열이 고르게 전달되는 부위이기도 하다.

사슴고기는 결이 조금 거친 것이 특징이어서 가열하면 육즙이 빠져나오기 쉬우므로, 조금이라도 유출을 막기 위해서 뼈가 붙어 있는 채로 굽는다. 뼈가 붙어 있는 채로 구우면 열이 부드럽게 전달되지만, 온도가 천천히 올라가기 때문에 적정온도까지 올리면 육즙이 빠져나와 퍼석거리게 된다. 그래서 처음에는 뼈가 붙어 있는 채로 굽고, 80% 정도 익었을 때 뼈를 제거한 뒤 제공온도까지 올리는 방법으로 구웠다.

STEP		POINT
1	상온의 고기	● 육질이 거칠어서 가열하면 육즙이 빠져나오기 쉬우므로 뼈째로 부드럽게 굽는다.
2	오븐 270℃ 7분(지방쪽)	
3	남은 열로 5분	
4	오븐 250℃ 5분(뼈쪽)	
5	남은 열로 5분	
6	오븐 230℃ 4분(지방쪽)	
7	남은 열로 4분	
8	오븐 230℃ 4분(뼈쪽)	
9	남은 열로 4분(80% 익힌다)	
10	제공할 때 뼈를 제거한다	
11	오븐 280℃ 5분(제공온도로 올라간다)	

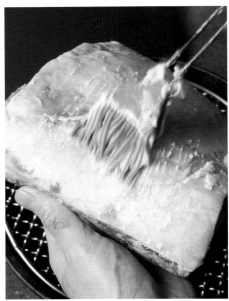

1

온도를 균일하게 올리기 위해 사슴고기 전체에
버터를 바른다. 뼈가 붙어 있는 안쪽에도 꼼꼼하게
바른다. 무게 700g.

2

망을 올린 프라이팬 위에 비계쪽이 위로 오게 고기를 올리고, 270℃ 오븐에서
7분 동안 구워 비계를 익힌다. 오븐의 복사열은 밑에서 옆, 옆에서 위로 돌기
때문에, 열을 강하게 전달하려는 쪽을 먼저 위로 오게 놓는다. 비계가 위로 오게
놓으면 고기가 영향을 덜 받고, 비계가 뜨거워지면서 전체를 따뜻하게 지켜주는
효과가 있다. 고온으로 비계를 익혀서 고기 전체를 따뜻하게 데우는 단계.

6

비계쪽이 위로 오게 놓고 230℃
오븐에서 4분 동안 굽는다. 비계쪽은
이미 열이 충분히 전달된 상태이므로
230℃에서도 속까지 익는다.

7

고기를 꺼내 따뜻한 곳에 두고 4분 동안
남은 열로 익힌다. 668g.

8

남은 열로 익힌 후 중심온도는 약 50℃.
뼈쪽이 위로 오게 놓고 230℃ 오븐에서
4분 가열한다. 표면은 이미 충분히 말라서
온도를 내려도 눅눅해지지 않는다.

3

고기를 꺼내서 따뜻한 곳에 두고 5분 동안 남은 열로 익힌다. 고기를 휴지시킬 때는 주방에서 일정한 온도를 유지할 수 있는 장소를 정해두는 것이 좋다.

4

고르게 익히기 위해 고기를 뒤집어서 250℃ 오븐에 넣고 5분 가열하여 고기(뼈쪽)를 익힌다. 고기쪽은 270℃까지 올릴 필요는 없지만, 표면을 바삭하게 말리면서 굽기 위해 한 번에 230℃까지 내리지 않고 250℃를 선택하였다.

5

고기를 꺼내 따뜻한 곳에 두고 5분 동안 남은 열로 익힌다. 오븐에서 꺼냈을 때 60% 정도 익은 상태. 무게는 670g.

9

고기를 꺼내 따뜻한 곳에 두고 4분 동안 남은 열로 익힌다.

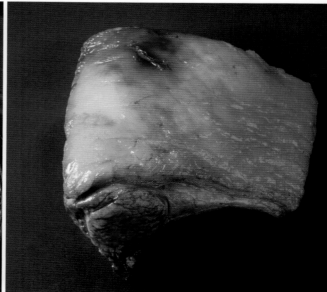

10

구운 에조사슴고기. 무게는 654g.
80%까지 익은 상태.

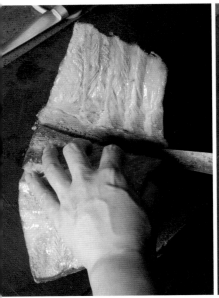

11

뼈를 잘라 분리한다.

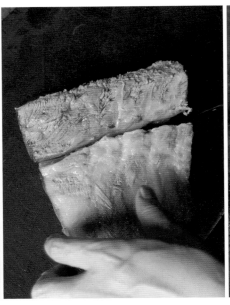

12

가운데 부분과 갈비를 잘라서 분리한다.

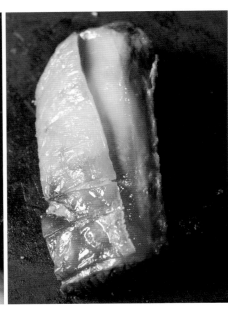

13

비계를 제거한다. 가운데 부분과 갈비를
합친 무게는 300g.

14

고기 안쪽이 위로 오게 놓고 280℃ 오븐에서 5분
굽는다. 익히고 싶은 부분이 위로 오게 놓는다. 고기
표면의 하얀 젤라틴질이 투명해질 때까지 굽는다.
적당히 익어서 제공온도까지 올라간 상태.

15

구운 에조사슴고기. 무게 280g.

멧돼지 | 진공

1마리 40kg(내장 제거)의 시즈오카 아마기산 멧돼지 등심을 준비하였다. 멧돼지 지방에는 감칠맛이 있으므로 이 점을 살려서 요리한다. 푸아그라 콩피와 파르스를 멧돼지 등심으로 말고, 그 위를 다시 멧돼지 지방으로 감싼 뒤, 진공팩에 넣어 저온의 컨벡션오븐에서 오래 가열하였다. 진공상태로 만들면 모양이 잘 망가지지 않아 안정적으로 익힐 수 있기 때문이다. 푸아그라 콩피는 이미 익었기 때문에 따뜻하게 데우는 정도면 된다. 등심과 파르스를 익힌다는 생각으로 굽는다.

STEP

1 상온의 고기

2 얇게 갈라서 펼친다

3 파르스를 올려서 만다

4 실로 묶는다

5 진공상태를 만든다

6 컨벡션오븐(스팀모드) 85℃ 1시간 15분

7 제공할 때 잘라서 나눈다

8 컨벡션오븐(스팀모드) 85℃ 5~6분
(제공온도로 올라간다)

POINT

● 멧돼지 지방의 맛을 살리는 동시에 등심이 촉촉하게 익도록 주위를 지방으로 말아서 보호한다.

● 고르게 익도록 모양을 잘 정리하여 진공팩에 넣는다.

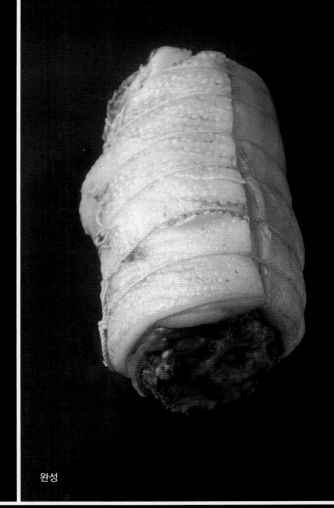

가열 전   완성

단면

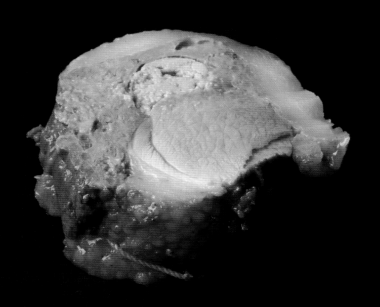

1

두꺼운 부분의 지방을 얇게 갈라서
펼친다.

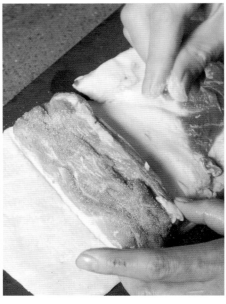

2

고기부분에 소금을 살짝 뿌린다.

3

푸아그라 콩피를 올린다.

7

진공팩에 담아 멧돼지 쥐 250g
(→ p.196)을 넣은 뒤 공기를 뺀다.

8

전체에 열이 고르게 전달되도록 튀김망 트레이
위에 올리고, 85℃ 컨벡션오븐에서 스팀모드로
1시간 15분 가열한다.

9

컨벡션오븐에서 꺼내 그대로 식힌다.
식으면 냉장고에 넣어 보관한다.
최종 무게는 785g.

4

파르스 160g(→ p.196)을 푸아그라 위에 씌운다.

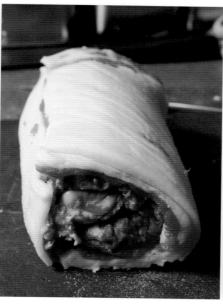

5

지방으로 만다.

6

일정한 간격으로 실을 감아서 묶는다. 푸아그라와 파르스를 만 무게는 약 820g.

10

진공팩 안에 남아 있는 육즙은 소스에 사용한다. 제공할 때는 잘라서 깊은 트레이에 넣고 비닐랩을 덮은 뒤, 꼬치로 구멍을 뚫고 85℃ 컨벡션오븐(스팀모드)에서 5~6분 데운다.

멧돼지 다짐육 | 숯불구이

다리살

칼로 다진
다짐육

다짐육을 채운
주키니꽃

단면

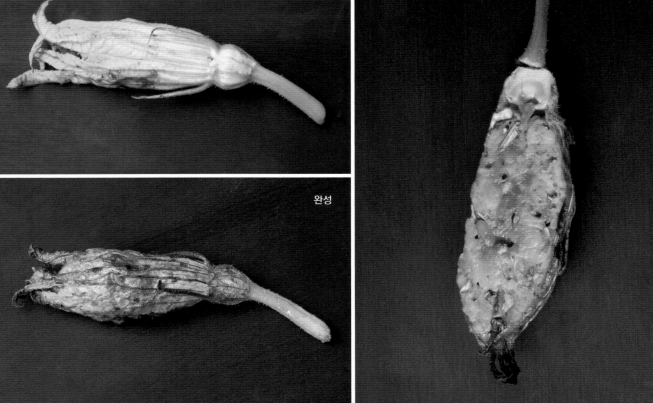

완성

다짐육을 만드는 방법은 칼로 다지는 방법과 미트그라인더로 다지는 방법이 있다. 양이 많을 경우에는 미트 그라인더가 유용하지만, 고기를 구멍을 통해 밀어내는 것이기 때문에 고기의 결이 망가져서 가열했을 때 육즙이 빠져나오기 쉽고 당연히 맛도 떨어진다.

그런 점에서 조금은 번거롭더라도 칼로 직접 다지면 고기의 결이 유지될 뿐 아니라 입자 크기도 조절할 수 있다. 손으로 다지기 때문에 고기 입자가 고르지 않은데, 이 점이 고기의 식감을 살려주므로 고기요리를 더욱 맛있게 해준다(여기서는 와카야마산 암컷 멧돼지의 다리살을 사용).

다짐육의 장점 중 하나는 콜라겐과 감칠맛을 듬뿍 갖고 있지만 그 자체로는 조금 단단한 부위를 잘게 다져서 먹기 편하게 만들어준다는 것이다.

또한 여러 가지 모양을 만들 수 있어 활용도가 높다는 것도 장점이다. 여러 가지 모양으로 성형할 수 있고 파르스를 만들어서 속에 넣을 수도 있다. 또한 잘게 풀어서 사용할 수도 있으며, 고기 속에 고기 이외의 향과 맛을 섞어 넣으면 맛에 포인트가 된다. 덩어리 고기에는 없는 식감도 다짐육의 특징으로, 사용하기에 따라 다양한 요리를 만들 수 있는 재미있는 재료이다.

어디까지나 느낌에 의한 것으로 정확하게 측정한 것은 아니지만, 다짐육은 같은 크기의 덩어리 고기보다 1.5배 정도 열이 빨리 전달된다.

덩어리 고기에 비해 표면적이 커서 열이 빨리 전달되는 만큼 육즙이 빨리 빠져나가기 때문에, 굽고 튀기는 등의 방법으로 모양을 먼저 만드는 작업이 필요하다.

여기서는 다짐육을 속재료로 사용하는 방법을 소개한다. 얇은 주키니꽃에 다짐육 파르스를 넣고 숯불로 굽는다. 센불로 단시간에 구워서 익히는 것이 아니라 주위를 말리는 느낌으로 천천히 익힌다. 숯불의 원적외선 효과로 안쪽부터 부드럽게 부풀면서 구워진다.

STEP		POINT
1	상온의 고기	● 고기는 기계를 사용하지 않고 칼로 다진다.
2	다른 재료를 섞어 파르스를 만든다	
3	주키니꽃에 채운다	
4	꼬치를 꽂는다	
5	숯불(저온)	

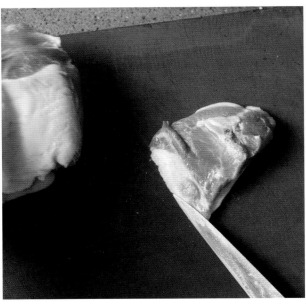

1

멧돼지 다리살은 근육별로 잘라서 분리한다.
힘줄과 핏덩어리는 제거한다.

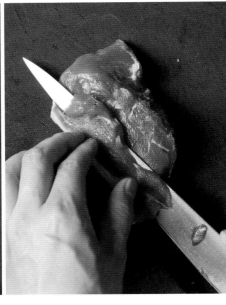

2

고기 결을 끊어내듯이 어슷하게
슬라이스한다.

6

주키니꽃의 꽃술을 제거한 뒤
5를 듬뿍 채워 넣는다.

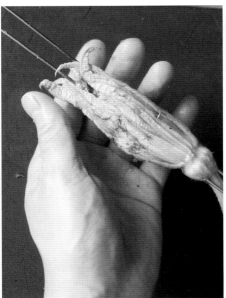

7

꽃받침쪽에서 꼬치 2개를 나란히 꽂는다.
1개 40g. 손으로 쥐어서 모양을 정리한다.

8

주위가 마를 정도의 불세기로
천천히 시간을 들여서 굽는다.

3

좀 더 가늘게 잘라서 다진다. 입자 크기가
고르지 않은 편이 고기의 식감을 살리기
좋다.

4

다짐육 150g과 다진 에샬로트 10g,
말린 양송이 2g, 소골수 10g, 콩소메 10g,
소금 2g을 볼에 넣는다.

5

끈기가 생기지 않도록 살짝만 섞는다.

9

사진과 같은 정도로 구운 색이 나면
뒤집는다.

10

몇 번 뒤집어주면서 사진과 같은 정도까지 천천히 굽는다.
무게는 줄었지만 처음보다 볼록하게 부풀었다. 1개 35g.

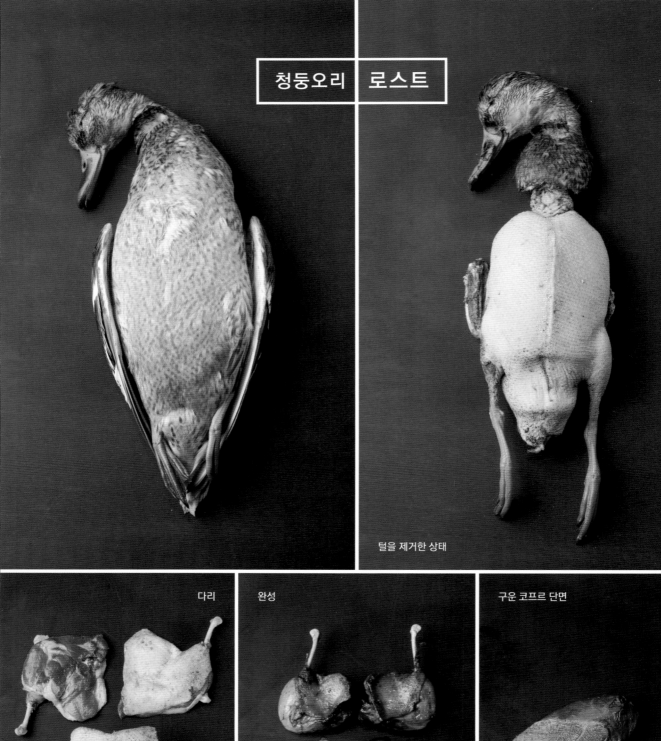

청둥오리 | 로스트

털을 제거한 상태

다리

완성

구운 코프르 단면

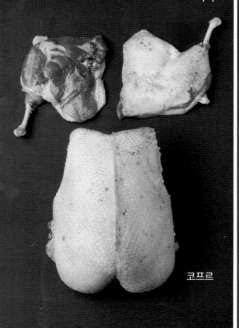

코프르

구운 다리살 단면

청둥오리는 수많은 오리 종류 중에서 크기가 가장 커서 먹을 수 있는 부위도 많은데, 특히 콜베르(Col-vert)라고 부르는 수컷 청둥오리는 2kg이 훌쩍 넘는 것도 있을 정도이다. 맛은 수컷이 암컷보다 한층 진하고 강하게 느껴지는 반면, 암컷은 크기는 조금 작지만 육질이 부드럽다. 매장에서는 언제나 암컷을 선호한다. 맛은 진하지 않지만 지방이 잘 올라서 고기도 부드럽고 향은 수컷에 뒤지지 않는다.

먹기 좋은 시기는 사냥방법과 산지에 따라 다르다. 지비에의 해금 기간은 11월부터 다음해 2월까지인데, 먹이로 길들여서 포획한 오리는 지방이 빨리 오르지만 그 외의 오리는 1월경부터 지방이 오른다. 여기서는 가고시마 이즈미산 청둥오리를 사용하였다.

청둥오리뿐 아니라 오리는 전반적으로 근섬유의 밀도가 조밀하지 않아서, 저온에서도 오래 가열하면 육즙이 빠져나와 고기가 퍼석거리게 된다. 60℃로 가열해도 육즙이 빠져나오는 것을 막을 수는 없다.

여기서는 육즙을 지키기 위해 단시간 가열을 반복하는 방법을 선택했다. 이렇게 하면 육즙이 빠져나가는 것을 막을 수 있고, 고기에 오리 특유의 붉은색을 남길 수 있다.

뼈를 분리하면 육즙이 빠져나와 고기가 수축되기 쉬우므로, 코프르와 다리로 분리한 뒤 뼈가 있는 채로 부드럽게 가열하였다.

STEP

1 10일 숙성

2 상온의 고기

3 털을 제거한다

4 버너로 말린다

5 부위별로 분리한다

6 프라이팬에서 센불로 튀기듯이 굽는다

7 각각 다음의 방법으로 굽는다

STEP_ 코프르

8 오븐 230℃ 3분

9 남은 열로 3분

10 오븐 200℃ 3분

11 남은 열로 10분
(70% 익힌다)

12 오븐 270~280℃ 3분

13 제공할 때 잘라서 나눈다

14 프라이팬에서 제공온도로 데운다(중심온도 60℃ 이하)

15 시즐레(Ciseler)

STEP_ 다리

8 따뜻한 곳에 두고 남은 열로 익힌다

9 제공할 때 뼈를 제거한다

10 프라이팬에서 제공온도로 데운다(중심온도 70℃)

11 시즐레

POINT

● 제공 전에 프라이팬으로 데울 때는 고기가 더 이상 익지 않도록 주의한다.

1

프라이팬을 달구고 올리브유와
버터를 넣어 녹인다.

2

코프르와 다리(총 500g)를 넣고 센불로
튀기듯이 구워 표면의 껍질이 펴지게 만들고
구운 색을 낸다. 고기가 손상되지 않도록
주의한다.

3

코프르를 뒤집어주면서 전체적으로
구운 색을 낸다.

7

코프르를 꺼내서 10분 동안 남은
열로 익힌다. 이 단계에서 70%
정도 익힌다. 고기 온도가 안정되면
270~280℃ 오븐에 넣고
80%까지 익힌다.

8

코프르의 가슴뼈 양옆에 칼을 넣는다.

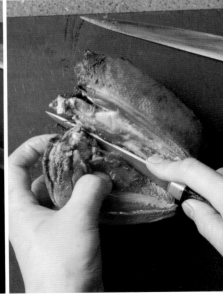

9

칼집을 따라 가슴살을 잘라서 분리한다.

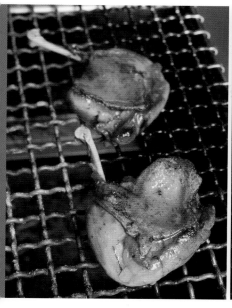

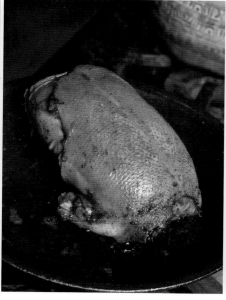

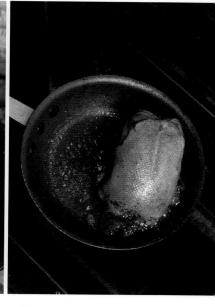

4

다리는 먼저 꺼내서 따뜻한 곳에 둔다. 눅눅해지지 않도록 껍질이 위로 오게 놓는다.

5

사진과 같은 정도로 구운 색을 충분히 낸 뒤, 230℃ 오븐에 코프르를 넣고 3분 동안 가열한다.

6

코프르를 꺼내서(사진) 3분 동안 남은 열로 익힌 뒤, 200℃ 오븐에서 3분 가열한다.

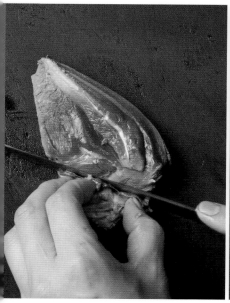

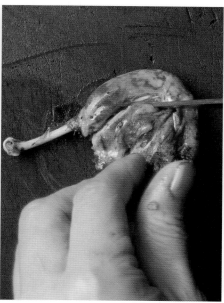

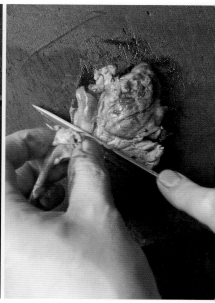

10

날개가 붙어 있던 부분을 잘라낸다.

11

다리는 넙다리뼈를 따라 안쪽에 칼을 넣는다.

12

관절부분의 힘줄을 잘라내고, 넙다리뼈와 정강뼈를 제거한다.

13
다리 안쪽의 고기에 두꺼운 혈관이
있으므로(왼손 검지쪽) 제거한다.
제거하지 않으면 아무리 구워도
고기에 피가 스며든다.

14
분리한 가슴살(안심 포함) 105g과 다리살 27g.
안심을 분리한다.

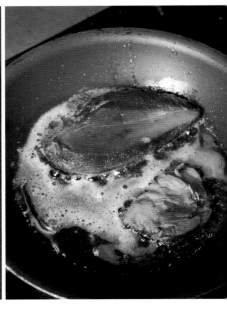

15
프라이팬에 약간의 버터와 올리브유를
넣어 뵈르 누아제트 직전까지 가열하고,
가슴살과 다리살을 껍질쪽부터 굽는다.
고소하고 바삭하게 굽는다.

16
뒤집어서 고기쪽을 굽는다.

17
안심은 나중에 넣고 양면을 단시간에
구워서 꺼낸다.

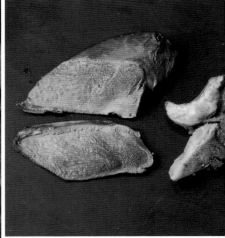

18
이 오리는 껍질이 얇아서 굽기 전에
시즐레(격자 무늬로 잘게 칼집을 내는
것)하면, 칼집을 통해 필요 이상 열이
전달되므로 구운 뒤 시즐레하였다.
원래는 **1** 단계 전에 시즐레하고 천천히
기름을 빼면서 굽는다.

청둥오리를 코프르와 다리로 분리하는 방법

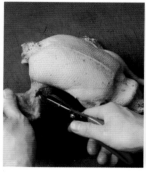

1

털을 제거한 청둥오리의 머리와 날개를 가위로 잘라낸다. 날개는 힘줄이 단단하므로 퐁(육수)에 사용한다.

2

목부분의 껍질을 가위로 잘라서 연다.

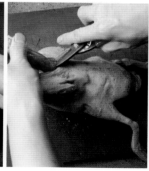

3

몸과 연결된 곳에서 목을 잘라낸다.

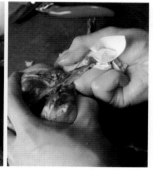

4

미끄럽기 때문에 키친타월로 모래주머니(식도)를 감싼 다음 잡아당겨서 뺀다.

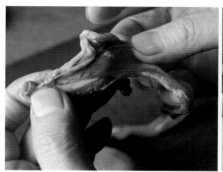

5

모래주머니와 기관.

6

가슴이 위를 오게 놓고, 다리 안쪽의 껍질이 되도록 가슴쪽에 남도록 손가락으로 누른 상태로 다리 껍질을 자른다. 다리와 몸이 연결된 부분부터 등쪽까지 칼집을 넣는다.

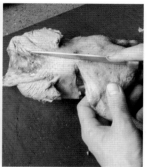

7

등이 위로 오게 놓고 등뼈를 따라 세로로 칼을 넣는다.

8

6의 칼집부터 갈비뼈를 따라 7의 칼집까지 고기를 잘라서 다리를 분리한다. 소리레스는 다리쪽에 붙인다.

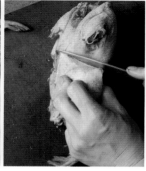

9

다른 한쪽 다리도 잘라서 분리한다. 가능한 한 껍질이 가슴쪽에 남도록 칼집을 넣는다.

10

7의 칼집까지 잘라서 다리를 분리한다.

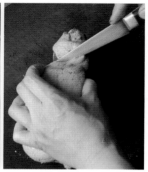

11

꼬리 둘레를 잘라둔다.

12

가슴이 위로 오게 놓고 꼬리쪽
부터 갈비뼈 중간까지, 머리쪽
을 향해 가위로 자른다. 반대쪽
갈비뼈도 똑같이 자른다.

13

12의 칼집에서 갈비뼈를 꺼내
내장과 함께 분리한다.

14

코프르에서 빗장뼈를 제거
한다. 빗장뼈 주위에 칼을
넣어 뼈를 꺼낸 다음
손가락으로 밀어서 제거한다.

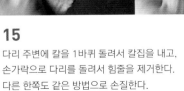
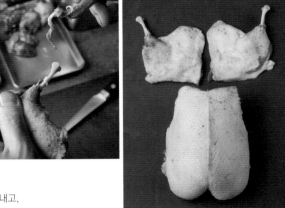

15

다리 주변에 칼을 1바퀴 돌려서 칼집을 내고,
손가락으로 다리를 돌려서 힘줄을 제거한다.
다른 한쪽도 같은 방법으로 손질한다.

16

다리와 코프르로 분리한 청둥오리.

멧비둘기 | 튀김

멧비둘기는 몸집이 작은 새로 육질이 치밀하고 섬세하다. 청둥오리와 비슷하지만 청둥오리보다 지방은 적다.

그러나 고기는 부드럽고 철분이 강하게 느껴지며 향도 강하다. 이런 야생의 맛을 조금 완화시키기 위해 튀기기 전에 살짝 마리네이드한다. 감칠맛을 내기 위해 마리네이드액으로 뱅 루주(Vin rouge) 소스를 사용하였고, 껍질이 바삭해지도록 약간의 꿀을 넣어 카라멜리제 효과도 더했다.

지방이 적은 멧비둘기의 특징을 고려해서 진공상태로 컨벡션오븐에 넣어 미리 중심온도를 올리고, 그런 뒤 베네(Beignet, 프랑스식 튀김) 튀김옷을 입혀 고온에서 단시간에 튀기는 방법으로 만든다. 튀김옷을 입히지만 껍질을 바삭하게 즐기기 위해 튀김옷은 고기쪽에만 입힌다. 깊은 맛을 내기 위한 목적도 있지만 작은 멧비둘기는 단시간에 중심온도를 올리지 않으면 퍼석거리므로 '컨벡션오븐 + 튀김'이라는 방법을 선택하였다.

털을 제거한 상태

2장으로 잘라서
분리한 상태

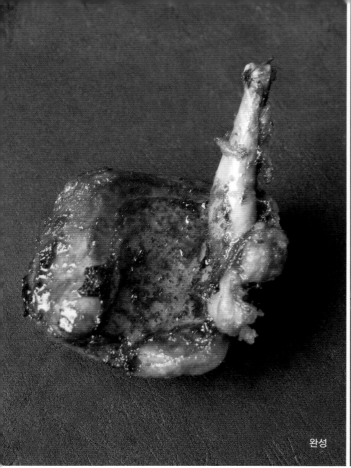

완성

단면

STEP

1	1주일 숙성
2	2장으로 잘라서 분리한다
3	진공
4	하룻밤 마리네이드
5	컨벡션오븐(스팀모드) 60℃ 8분
6	200℃ 기름에 6분 튀긴다

POINT

● 컨벡션오븐으로 중심부분까지 따뜻하게 데웠기 때문에 단시간에 튀긴다.

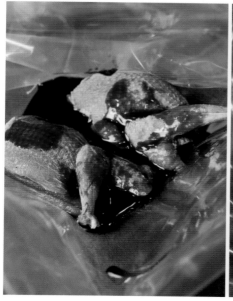

1

2장으로 잘라서 분리한 멧비둘기를 진공팩에 넣고, 마리네이드액(레드와인 20g + 꿀 2g)을 부어 잘 버무린 뒤 공기를 뺀다. 1장 93g.

2

그대로 하룻밤 둔다.

3

다음날 60℃ 컨벡션오븐(스팀모드)에서 8분 가열한다. 여기서는 중심부분까지 따뜻하게 데워지면 된다(중심온도 40℃). 40% 정도 익는다.

4

컨벡션오븐에서 꺼낸 상태.

5

솔로 박력분을 바른다.

6

베녜 튀김옷(→p.197)을 솔로
다리 안쪽에 올리듯이 바른다.

7

200℃로 가열한 기름에 튀김옷을 입힌 쪽이
아래로 가게 넣는다.

8

기포가 많이 생긴다. 몇 번 뒤집어주면서
단시간(30~40초 정도)에 튀긴다.

9

노릇하게 구운 색이 나면 건져낸다.
1장 50g.

10

고기를 휴지시킬 필요는 없다. 뜨거울 때 바로 접시에 담는다.
여기서는 잘랐지만 실제로 제공할 때는 자르지 않고 그대로
플레이팅한다.

멧비둘기를 2장으로 분리하는 방법

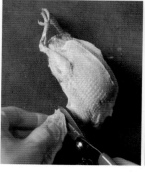

1

머리를 자르고, 양쪽 날개를 몸통과 붙어 있는 부분 바로 앞에서 잘라낸다.

2

등이 위로 오게 놓고 목껍질을 세로로 가른 뒤, 목을 꺼내서 잘라낸다.

3

모래주머니(식도)와 기관을 손가락으로 잡아서 빼낸다.

4

빗장뼈 주변에 칼끝을 넣고 V자의 꼭짓점을 들어올려 손으로 잡아 뺀다.

5

가슴뼈 양쪽에 칼을 넣는다.

6

칼집을 낸 부분부터 갈비뼈를 따라 고기를 잘라서 분리한다.

7

반으로 자른다.

8

다른 쪽도 **6**과 같은 방법으로 가슴뼈의 칼집을 낸 부분부터 갈비뼈를 따라 고기를 분리한다.

9

날개가 붙어 있던 부분을 잘라낸다. 다른 쪽도 같은 방법으로 자른다.

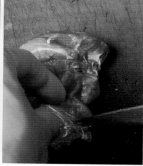

10

넙다리뼈를 따라 고기를 잘라서 뼈를 드러낸다.

11

넙다리뼈를 잘라낸다.

12

2장으로 분리한 멧비둘기.

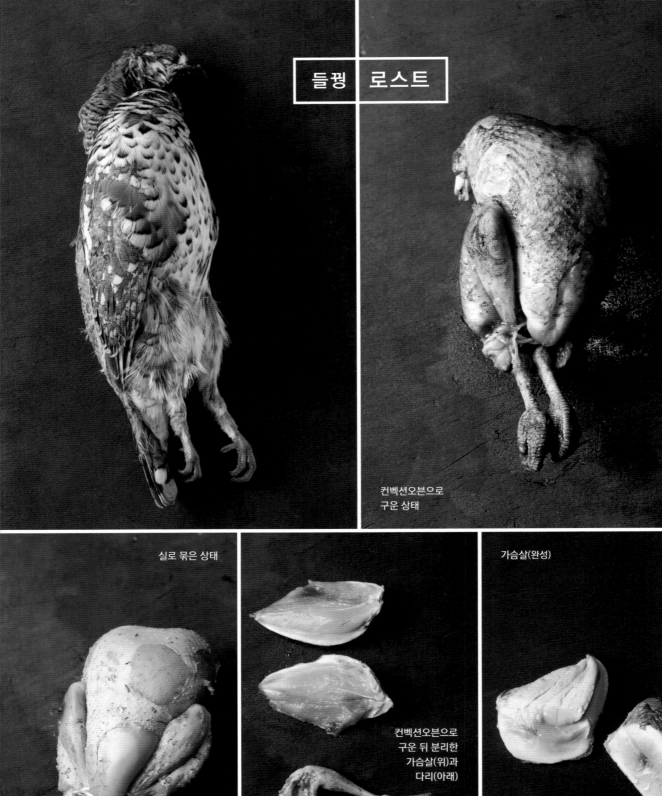

들꿩 로스트

컨벡션오븐으로
구운 상태

실로 묶은 상태

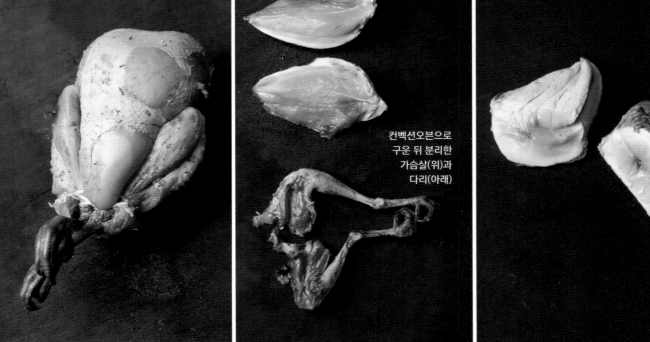

가슴살(완성)

컨벡션오븐으로
구운 뒤 분리한
가슴살(위)과
다리(아래)

혼슈에서 서식하는 뇌조는 특별천연기념물로 지정되어 있어 사냥할 수 없다. 따라서 유통되고 있는 대부분의 뇌조는 수입산인데, 뇌조와 같은 들꿩과에 속하는 홋카이도의 들꿩은 포획이 가능하다.

들꿩의 고기는 붉은색과 흰색의 중간인 핑크색을 띤다. 이런 색깔의 고기를 잘라서 구우면 단면이 손상되기 쉬우므로 통째로 굽는다.

그러나 육질이 다른 부위가 섞여 있으므로 각각 동시에 최상의 상태로 가열하기 위해서는 몇 번에 나눠서 익히는 것이 좋다. 컨벡션오븐에서 가열한 뒤 부위별로 분리해서 워머에 넣어 보온하고, 마지막에 따뜻하게 데운 퐁(육수)으로 제공온도까지 올려서 완성한다. 최종적으로는 레어에 가까운 미 퀴(Mi-cuit, 절반만 익은 상태) 상태로 완성하는 것이 목표이다.

가열하기 전 숙성은 털과 내장이 붙어 있는 채로 10일 동안 냉장고 안에 매달아 놓고 숙성시켰다. 이 정도가 가장 좋다.

20일 동안 숙성시키거나 수입 뇌조를 10일 더 숙성시키면 숙성향이 생긴다. 이렇게 숙성시킨 뇌조를 사용할 경우 숙성향이 몸속에 어느 정도 남아 있게 하려면, 구운 색을 좀 더 강하게 내는 것이 좋다.

STEP		POINT
1	10일 숙성	● 크기가 작은 새이므로 통째로 오븐에 넣어 60% 정도 굽고, 지나치게 익히지 않는다.
2	털을 제거한다	
3	버너로 말린다	
4	내장을 제거한다	
5	실로 묶는다(피슬레)	
6	프라이팬에서 중불로 리솔레	
7	컨벡션오븐(열풍모드, 댐퍼 열고 습도 0%) 65℃ 30분(구운 색을 진하게 만든다)	
8	부위별로 분리한다	
9	워머 60℃ 30분(중심온도 45℃)	
10	65℃ 퐁에 넣어 제공온도로 데운다	

1

주위에 버터를 바른다.

2

프라이팬을 중불로 달구고 모양이 망가지기 쉬운
가슴(왼쪽＋오른쪽) → 다리 → 어깨 순서로
리솔레한다.

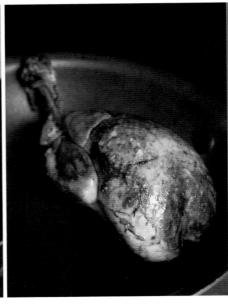

3

이 단계에서는 사진처럼 표면만
익는다(10% 정도).

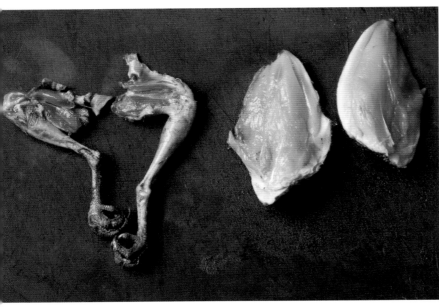

6

분리한 다리와 가슴살.

7

버터를 바른 트레이에 올리고
비닐랩을 씌운다.

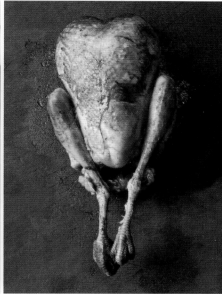

4

튀김망 트레이에 올리고 65℃
컨벡션오븐(열풍모드, 댐퍼 열고
습도 0%)에 넣어 30분 동안 구워서
꺼낸다(중심온도 40℃).

5

오븐에서 꺼낸 들꿩. 묶어둔 실을 제거하고 다리와 가슴살을 잘라서 분리한다.

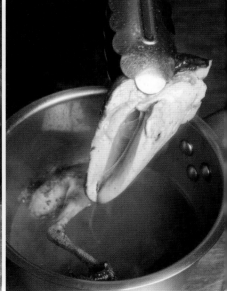

8

60℃로 설정한 워머(실제로는 55℃ 정도)에
넣고 30분 동안 둔다. 중심온도를
45℃까지 올린다.

9

퐁을 65℃로 데우고 다리와 가슴살을 넣어
1분 30초 가열한다. 중간에 뒤집는다.
퐁의 온도는 최종적으로 80℃까지 올린다.

10

1분이 지나면 가슴살을 먼저
꺼낸다. 1분 30초가 지나면
다리살을 꺼낸다. 미 퀴 정도로
익히면 된다.

들꿩 밑손질 방법

1

큰 비닐팩에 들꿩을 넣고 날개와 머리를 가위로 잘라낸다.

2

털이 날리지 않도록 분무기로 물을 뿌려서 적신 뒤 손으로 문지른다. 가슴이 가장 중요하므로 가슴쪽부터 털을 제거한다.

3

털을 모두 제거한 들꿩. 남은 털은 버너로 태워서 없앤다.

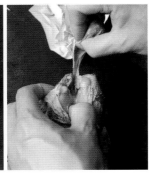

4

목껍질을 가르고 목을 빼내 잘라낸다. 모래주머니를 잡아당겨서 제거한다.

5

빗장뼈(쇄골)를 제거한다.

6

꼬리 부위를 자르고 손으로 내장을 잡아당겨서 빼낸다.

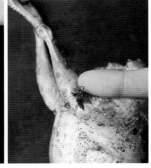

7

총알 자국에 털이 붙어 있으면 제거한다.

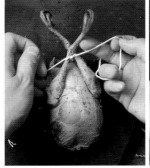

8

가슴이 위로 오게 놓고 꼬리 아래로 실을 통과시킨 뒤, 다리 관절을 들어올려 묶는다. 실을 2번 감아서 잡아당긴다.

9

양쪽 다리 안쪽으로 실이 지나가도록 감은 뒤, 등이 위로 오게 놓고 윗날개까지 감는다.

10

윗날개를 누르고 실을 2번 감은 뒤 잡아당겨서 단단히 묶는다.

11

다리가 몸통에 딱 붙어서 가슴이 탱탱하게 펴진다.

배쪽　등쪽

털을 제거한 상태　갈라서 펼친 상태(바깥쪽)

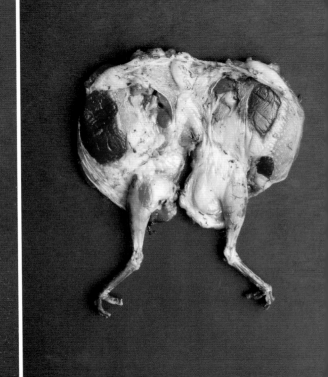

시즈오카산 직박구리는 지역의 특산물인 귤밭에 날아와 수확에 피해를 주는 새이기는 하지만, 고기에 귤향이 은은하게 배어 있고 맛도 좋다.

그러나 먹을 수 있는 부위가 매우 적은 새이므로 감칠맛을 느낄 수 있는 부분도 적다. 고기굽기에 대해서 이야기하기가 난감할 정도이지만, 작아도 뼈까지 먹을 수 있는 새이므로 완전히 익혀서 육즙을 응축시킬 수 있는 숯불구이를 선택하였다.

STEP		POINT
1	털을 제거하고 1장으로 갈라서 펼친다	● 갈비뼈는 제거하지 않고 가위로 잘게 잘라서 남겨둔다.
2	버터를 바른다	● 뼈까지 먹을 수 있도록 완전히 익힌다.
3	숯불	

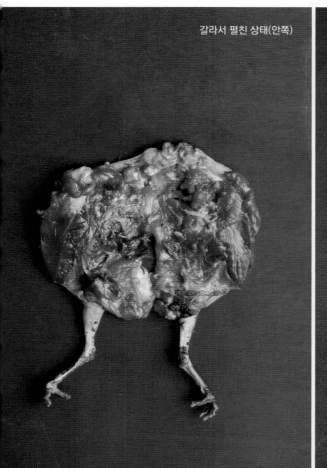

갈라서 펼친 상태(안쪽)

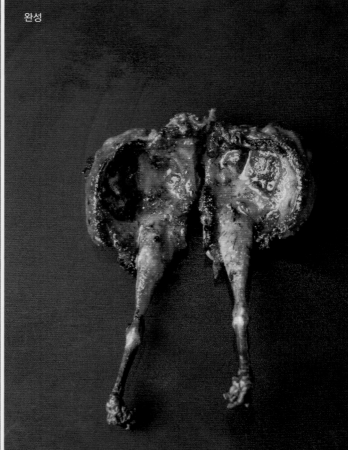

완성

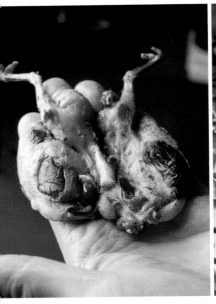

1

망에 눌어붙지 않도록 껍질쪽에
버터를 바른다. 1장 41g.

2

빨갛게 달아오른 숯불로 껍질쪽부터 굽기 시작한다(센불).

3

뒤집어서 살쪽을 굽는다. 제거하지
않고 남겨둔 등뼈와 갈비뼈까지
먹을 수 있게 익힌다.

4

다시 뒤집어서 껍질쪽을 굽고,
제공온도로 데운다.

5

마지막에 소금을 뿌린다.
1장 32g.

직박구리 손질 방법(작은 조류 1장으로 갈라서 펼치기)

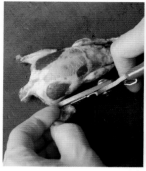

1
가위로 머리를 잘라내고
날개와 몸이 연결된 부분에서
날개를 잘라낸다.

2
발도 플레이팅하기 때문에
날카로운 발톱을 잘라낸다.

3
가슴이 위로 오게 놓고
가슴뼈 양옆에 칼집을 넣는다.

4
가슴뼈를 가위로 잘라낸다.

5
손으로 살을 양쪽으로 벌려서
내장을 꺼내 제거한다.

6
날개 근처의 빗장뼈(쇄골)와
오구골(오탁골)과 연결된
어깨뼈, 날개가 붙어 있던
부분의 관절을 잘라낸다.

7
한쪽(앞쪽) 뼈를 제거한 상태.
다른 쪽도 같은 방법으로
제거한다.

8
분리한 뼈.

9
가위로 등뼈에 잘게 칼집을
몇 번 넣어 뼈를 자른다.

10
양쪽 다리의 넙다리뼈를
잘라낸다.

11
갈비뼈도 가위로 잘게 자른다.

12
1장으로 갈라서 펼친 직박구리.

PART 2.
고기굽기에 필요한 도구

스팀컨벡션오븐과 가스오븐 중 어떤 것을 선택할까?

'고기굽기'를 전제로 생각해보자.

스팀컨벡션오븐은 내부 온도가 일정하게 잘 유지되므로 고기 전체를 고르게 구울 수 있다. 반면 가스오븐으로 구우면 고르게 구워지지 않는 경우가 있다.

고르게 익는 것은 매우 좋은 일이지만, 고기를 구울 때는 반드시 좋다고 할 수 없는 경우도 있다. 알맞은 정도로 차이가 나게 구우면 타거나 맛이 농축된 부분이 하나의 고기 안에 섞여 있게 되므로, 이로 인해 질감과 맛에 변화가 생겨 다양한 맛을 낼 수 있다. 그런데 모든 부분이 고르게 익으면 먹는 사람이 쉽게 질리게 된다.

만들려는 요리의 종류나 그때그때 고기의 상태에 따라 다르지만 나의 경우에는 보통 온도를 확실히 올리고 싶을 때는 가스오븐을, 천천히 촉촉하게 익히고 싶을 때는 스팀컨벡션오븐을 선택하는 경우가 많다.

예를 들어, 육질이 촘촘하고 맛이 섬세한 가금류의 다리나 코프르를 구울 때는 컨벡션오븐을 사용한다. 조류의 근섬유 내부에는 지방이 별로 없는 것도 컨벡션오븐을 사용하는 이유 중 하나이다. 지방이 적은 고기는 온도가 잘 올라가지 않기 때문에, 저온에서 천천히 가열하지 않으면 내부에 열이 전달되기 전에 고기가 손상되므로 낮은 온도로 안정되게 익히는 것이다.

그러나 소고기나 돼지고기를 덩어리로 구울 경우 고기 겉면과 내부에 지방이 있기 때문에 그다지 오래 가열하지 않아도 열이 잘 전달되므로, 온도를 확실히 올려서 그러데이션이 생기게 굽는다. 따라서 이때는 가스오븐이 적합하다. 플로릴레주에서는 타니코(Tanico)의 컨벡션오븐과 가스오븐을 사용한다.

스팀컨벡션오븐

팬으로 열풍을 대류시켜서 가열하는 컨벡션오븐에 증기발생장치가 있는 것으로, 열풍 또는 스팀을 각각 단독으로 또는 동시에 사용할 수 있다.

열풍이 대류하기 때문에 오븐 내부의 온도가 안정적일 뿐 아니라, 강제적으로 스팀을 발생시킬 수 있고, 스팀의 양을 조절할 수 있는 것이 가장 큰 특징이다. 습도를 일정하게 유지시키는 습도 조절이 가능하기 때문에 습도를 0%로 만들 수도 있다.

100℃ 이하에서 저온으로 장시간 가열할 경우에는 스팀컨벡션오븐을 많이 사용한다.

가스오븐

오븐 내부에서 발생하는 복사열이 밑에서 위로 돌면서 열을 전달한다. 일반적으로 오븐은 온도를 설정할 수 있지만, 상부에 공기구멍이 있어 온도가 안정되기 어렵다. 또한 오븐 내부 전체가 항상 설정온도를 유지할 수는 없기 때문에, 어디까지나 기준으로 생각하는 것이 좋다.

특히 오븐은 각각의 특징이 있기 때문에, 그 점을 미리 파악해야 한다.

플라크와 가스레인지 사용방법

플라크(Plaque)와 가스레인지는 가열조리에서 빼놓을 수 없는 기본적인 가열도구인데, 가열 시스템은 서로 다르다.

플라크는 고온으로 달군 철판 위에 냄비나 프라이팬을 올려서 가열하는 방식이다. 따라서 냄비와 직접 닿는 면을 통해 열이 전달되기 때문에 구운 색을 고르게 내는 리솔레에 적당하다.

참고로 구리냄비처럼 표면이 매끄러우면 열이 잘 전달되지만, 표면이 울퉁불퉁한 프라이팬은 열전도율이 그보다 떨어진다. 또한 플라크 위에 기름막이 생기면 열전도율이 떨어지므로 주의한다.

가스레인지의 장점은 화력을 바로바로 세밀하게 조절할 수 있다는 것이다. 소테 등과 같이 프라이팬을 흔들어야 하는 경우에도 가스레인지가 적합하다. 또한 프라이팬이나 냄비의 바깥쪽도 뜨거워지기 때문에 바닥뿐 아니라 옆면에서도 남은 열을 이용할 수 있다. 고기처럼 두툼한 재료를 구울 때는 달궈진 냄비의 옆면을 이용하여 고기에 열을 전달할 수 있는 가스레인지를 선택한다.

플라크

프렌치요리 전문점에서 주로 사용하는 독특한 가열도구이다. 평평한 철판 위에 냄비나 프라이팬을 올려서 가열한다.

둥근 부분은 '히트 탑'이라고 부르며 가장 온도가 높은 부분이다. 히트 탑에서 멀어질수록 온도가 점점 낮아진다.

용도에 따라 적합한 온도를 골라서 사용할 수 있기 때문에, 여러 가지 작업을 동시에 할 수 있어서 효율성이 높다는 것이 플라크의 가장 큰 장점이다.

반면 영업 시작부터 끝날 때까지 계속 불을 켜두기 때문에 러닝코스트가 발생한다. 또한 주변의 온도도 올라가기 때문에 일하는 사람의 신체에 부담을 준다는 것이 단점이다.

가스레인지

열의 전달이 빠르고 불세기를 세밀하게 조절할 수 있어 편리하다.

또한 열을 전달하는 방법이 플라크와 다르다. 플라크는 닿는 부분을 통해서만 열이 전달되지만, 가스레인지는 냄비의 옆쪽에서도 열이 전달되므로 냄비와 직접 닿지 않는 부분에도 남은 열이 전해진다. 또한 프라이팬 안쪽의 옆면을 이용하여 구운 색을 낼 수도 있다. 프라이팬을 옆으로 기울이면 아로제하기도 편하다.

가스레인지를 사용할 때는 항상 양쪽 옆면에서 전달되는 남은 열도 계산해서 가열해야 한다.

화로

달군 숯을 넣고 직화로 굽는다. 꼬치를 꽂거나 석쇠 위에 올려 석쇠구이를 해도 좋다.

원적외선으로 열을 전달하는 숯불을 사용하면 안쪽부터 부드럽게 익는다. 또한, 고기 자체에서 수분이나 기름이 떨어지면 연기가 나는데, 이때 숯불의 향이 고기에 배어 훌륭한 조미료가 된다.

덩어리 고기를 처음부터 숯불로 구우면 시간이 오래 걸리기 때문에, 마무리 단계에서 사용하는 경우가 많다.

워머(온장고)

식재료 보온을 위해 사용한다.

보통 60℃로 설정해서 사용하지만 고기에는 열이 전달되지 않아야 하므로 실제로는 55℃ 정도가 좋다.

고기가 마르기 쉬우므로 비닐랩 등을 씌워서 보온한다.

프라이팬

철제 프라이팬은 구리로 만든 것 다음으로 열전도율이 높아서, 불이 직접 닿지 않는 옆면을 이용하여 고기를 익힐 수 있다. 또한 오븐에 넣고 사용할 수 있어 편리하기 때문에, 애착이 생길 정도로 오래 사용하는 도구이기도 하다. 테플론 가공품과 비교했을 때 고기가 달라붙기 쉬워 노릇하게 구운 자국이 프라이팬에 붙어버리기도 하지만, 눌어붙은 감칠맛을 데글라세(Déglacer)할 수 있다.

반면 테플론 가공 프라이팬은 고기가 달라붙지 않아서 고기에 구운 색과 감칠맛을 쉽게 낼 수 있지만, 구운 색이 지나치게 고르게 나서 단조롭게 완성된다. 또한 고온의 오븐에는 적합하지 않다.

석쇠

재료를 꼬치에 꽂지 않고 직접 불에 구울 수 있다.

튀김망 트레이

오븐이나 스팀컨벡션오븐에 넣을 때 또는 꺼내서 남은 열로 익힐 때, 빠져나온 육즙으로 고기가 눅눅해지지 않도록 망 위에 올린다. 또한 고기를 트레이나 오븐팬에 그대로 올리면 닿는 부분을 통해 열이 지나치게 많이 전달되므로 망이 있는 트레이를 사용한다.

주물냄비

물 없이 재료 자체의 수분으로 찌듯이 구울 수 있다. 뚜껑을 덮고 오븐에 넣어도 좋고, 플라크에도 사용할 수 있다. 냄비 속은 최종적으로 100℃ 정도가 된다. 끓은 뒤에는 그 온도가 유지되므로 중불~약불로 요리할 수 있다.

요리 레시피

소고기
|BŒUF|

아카우시 로스트와 비트 크로캉
p.22

아카우시 로스트_ p.40
> 소등심(아카우시)
> 버터 적당량

비트 시트
> 비트 1.5kg
> 레드와인식초 80g
> 소금 1꼬집
> 아가(Agar) 8g

1 비트는 껍질을 벗긴 뒤 주서에 넣고 갈
   아서 주스를 만든다. 비트 주스 800g
   을 끓여서 쓴맛을 제거하고, 1/5 분량
   이 될 때까지 약불로 졸인다.
2 **1**을 거름종이로 거른 뒤, 120g을 덜
   어서 레드와인식초와 소금을 넣고 아
   가를 녹인다.
3 **2**를 실리콘시트에 얇게 펴서 워머
   (60℃)에 넣고 말린다.

양파 샐러드
> 햇양파
> 소금

1 햇양파는 결대로 슬라이스하고 소금을
   조금 뿌려서 주무른다.
2 물에 헹군 뒤 물기를 제거한다.

감자 퓌레
> 감자 350g
> 우유 300g
> 생크림(유지방 47%) 100g
> 소금, 그래뉴당 조금씩

1 감자는 껍질을 벗기고 적당히 잘라서
   우유를 넣고 부드럽게 끓인다.
2 감자가 부드럽게 익으면 생크림, 소
   금, 그래뉴당을 넣어 녹인다. 핸드믹서
   로 갈아서 고운체에 내린다.

깨 & 땅콩 누가

그래뉴당 60g
물엿 60g
볶은 검은깨 10g
땅콩* 50g
* 꼬투리와 얇은 껍질을 벗기고
160℃ 오븐에서 8분 동안 구운 것.

1 냄비에 그래뉴당과 물엿을 넣고 갈색
으로 변할 때까지 졸인다.

2 검은깨와 땅콩을 넣어 버무린 뒤 호박
색이 되면 불에서 내린다.

3 오븐시트를 깐 트레이에 얇게 편 뒤 냉
장고에 넣고 차게 식혀서 굳힌다.

비트 퓌레

비트주스 100g
증점제(쓰루린코) 2g
레드와인식초 1/3 분량
　(졸인 비트주스의)
소금 적당량

1 비트는 껍질을 벗기고 주서에 넣고 간
다. 불에 올려 1/5분량으로 졸인다.

2 졸인 주스 100g에 1/3 분량의 레드
와인식초, 소금, 증점제를 넣는다.

마무리

1 아카우시 로스트를 얇게 자르고, 그 위
에 양파 샐러드를 올린다. 셀러리 싹을
뿌린다.

2 따뜻하게 데운 감자 퓌레를 요리용 사
이펀에 넣고 **1** 위에 짠다. 식감이 좋은
깨 & 땅콩 누가를 잘게 부숴서 뿌린다.

3 **2**를 반으로 접어 나무 토막 위에 올리
고 비트 시트를 고기 겉면을 따라 덮는
다. 그 위에 비트 퓌레로 선을 그리고,
나무에서 싹이 난 것처럼 보이게 셀러
리 싹을 올린다.

4 손으로 들고 먹도록 권한다.

경산우 서스테이너빌리티
p.21

소등심(경산우) 적당량
소금과 트레할로스(같은 비율) 적당량
콩소메(→p.200) 300g

1 소등심을 얇게 썬다. 비닐랩을 덮고 고
기 망치로 두드려서 얇게 편다.

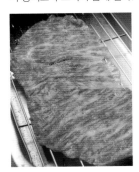

2 튀김망 트레이 위에 넓게 펴서 올리고,
소금과 트레할로스 섞은 것을 뿌린 뒤
하룻밤 그대로 둔다.

3 다음날 고기의 상태.

4 콩소메를 75℃까지 가열한다.

5 가열한 콩소메에 **3**의 고기를 살짝 담
갔다 뺀다.

감자 퓌레_ p.189

콩소메_ p.200

콩소메를 만들 때 얇게 자른 비트
200g을 함께 넣는다.

파슬리오일

파슬리잎(줄기 제거) 100g
다이하쿠 참기름 150g

1 파슬리잎과 다이하쿠 참기름을 믹서에
넣고 간다. 마찰열로 참기름 온도가 올
라가지만, 그대로 돌려서 체온 정도로
식을 때까지 믹싱을 계속한다.

2 볼에 옮겨 담고 얼음물 위에 올려서 재
빨리 식힌다.

3 시누아에 얇은 면보를 깔고 **2**를 거른
다. 면보 가장자리를 하나로 모아서 잡
고 짠 다음 위에 누름돌을 올려둔다.

마무리

1 감자 퓌레는 향이 배도록 짚으로 훈연한 뒤, 요리용 사이펀에 옮겨서 60℃ 워머에 넣고 데운다. 접시에 깔고 소고기를 올린다.

2 뜨거운 콩소메를 위에서 끼얹는다.

3 파슬리오일을 뿌린다.

소고기 등심 스테이크,
리크와 견과류
p.23

스테이크_ p.48

소고기 설로인 338g
올리브유 80g
버터 80g

리크 소테

리크
견과류(호두, 잣, 헤이즐넛, 은행)
버터, 소금

1 리크를 석쇠 위에 올려서 숯불로 말린다.

2 호두, 잣, 헤이즐넛, 은행을 버터로 볶아서 향을 낸다.

3 1의 리크를 넣은 뒤 소금으로 간을 한다.

마무리

뱅 루주 소스(→ p.200)

1 먹기 좋게 1㎝ 정도의 두께로 자른 설로인 스테이크와 리크 소테를 접시에 담는다.

2 뱅 루주 소스를 뿌린다.

우설 콩피,
소금머랭과 커피가루
p.24

우설 콩피_ p.52

우설 200g
커피원두 30알
올리브유 50g

콜리플라워 소스

콜리플라워 300g
우유 적당량
생크림(유지방 47%) 50g
버터 25g
소금 적당량

1 콜리플라워는 심을 제거하고 송이송이 떼어낸다. 콜리플라워가 잠길 정도로 우유를 부어 끓인다. 콜리플라워가 부드러워지면 우유를 걸러낸다.

2 1의 콜리플라워를 믹서로 갈아 고운체에 내린다.

3 2를 불에 올린 뒤 생크림을 넣고 소금으로 간을 한다. 버터로 몽테해서 마무리한다.

콜리플라워 슬라이스

콜리플라워 적당량
비네그레트(→ p.200) 적당량
소금 조금

1 콜리플라워는 송이송이 떼어 얇게 슬라이스한다. 오븐팬에 나란히 올리고 160℃ 오븐에 넣어 데운다.

2 콜리플라워를 꺼내서 비네그레트를 바르고 소금을 뿌린다.

소금머랭

달걀흰자 220g
그래뉴당 50g
트레할로스 50g
플뢰르 드 셀 적당량

1 달걀흰자는 믹서로 거품을 낸 뒤, 그래뉴당과 트레할로스를 3번에 나눠서 넣고 머랭을 만든다.

2 트레이에 얇게 펴서 120℃ 컨벡션오븐(열풍모드)에 넣고 1시간 굽는다.

3 플뢰르 드 셀을 뿌린다.

커피오일

커피원두 100g
다이하쿠 참기름 300g

1 커피원두는 향이 잘 우러나도록 하룻밤 물에 담가두었다가 부순다.

2 커피원두 부순 것과 다이하쿠 참기름을 진공팩에 넣고 공기를 뺀다.

3 끓는 물에 넣고 20분 가열한다.

마무리

1 접시에 콜리플라워 소스를 바르고 우설을 얹는다.

2 콜리플라워 슬라이스를 올리고 소금머랭을 부숴서 뿌린다.

3 커피원두를 갈아서 뿌리고 커피오일을 떨어뜨린다.

소염통 로스트와 파프리카 파르스
p.25

소염통 로스트_ p.56

소염통(우심방) 300g
버터 적당량

소스

사슴 쥐* 200g(5)
파프리카 쥐 40g(1)
버터 50g
증점제(쓰루린코) 3g

* 적당히 자른 사슴뼈 1kg, 사슴 힘줄 500g, 1㎝ 크기로 깍둑썰기한 양파 1개, 당근 1개, 셀러리 3대를 각각 볶아서 들통냄비에 담는다. 퐁 블랑(→ p.200) 1ℓ를 붓고 한소끔 끓여서 거품을 걷어낸다. 타임 5줄기, 토마토 1개를 넣어 2시간 동안 약불로 뭉근하게 가열한다. 시누아로 걸러서 다시 한 번 끓인 뒤 거품을 걷어낸다.

191

1 작은 냄비에 사슴 쥐와 파프리카 쥐(빨 강 파프리카를 콜드프레스로 짠 것)를 5:1의 비율로 넣고 가열한다.

2 1/3 분량으로 줄어들 때까지 졸인 뒤 버터로 몽테한다.

3 증점제를 넣어 걸쭉하게 만든다.

페페로나타

빨강·노랑 파프리카
올리브유, 소금, 후추 적당량씩

1 빨강, 노랑 파프리카를 바토네(작은 막 대모양)로 자르고, 올리브유로 볶는다. 부드러워지면 소금, 후추로 간을 하고 식힌다.

2 다른 빨강 파프리카를 구워서 껍질을 벗긴다. 세로로 칼집을 넣어 시트처럼 펼친 뒤 **1**을 올려서 돌돌 만다.

3 제공할 때 오븐으로 데운다.

마무리

마늘향 올리브유(→p.200) 적당량
파프리카 믹스 스파이스(초피, 후추, 파프리카 가루를 블렌드) 적당량
아마란스 잎 적당량

1 접시에 소스를 둥글게 붓고 가운데에 마늘향 올리브유를 떨어뜨린다.

2 얇게 썬 소염통을 올리고 페페로나타 를 곁들인다.

3 파프리카 믹스 스파이스를 뿌리고 아 마란스 잎으로 장식한다.

돼지고기
|PORC|

새끼돼지 햄과 캐러멜 시트
p.61

새끼돼지 햄_ p.84

새끼돼지 다리살 1446g
새끼돼지 족발 463g
소뮈르액* 적당량
퐁 블랑(→p.200) 2ℓ
* 굵은 소금 600g, 그래뉴당 25g, 물 4.5ℓ를 섞는다(**A**). 별도로 타임 15g, 마늘 1쪽, 물 500g을 넣고 끓 인다(**B**). **A**와 **B**를 섞어서 식힌다.

양파 소테

양파
버터, 소금 적당량씩

1 양파를 슬라이스하고 버터로 소테한 다. 소금으로 간을 한다.

캐러멜 시트

A
생크림(유지방 47%) 200g
우유 60g
꿀 20g
버터 15g

B
그래뉴당 40g
물엿 40g
패션프루트 퓌레 100g
판젤라틴 10g
물 39g

1 **A**를 냄비에 넣고 가열한다.

2 **B**를 냄비에 넣고 가열하여 카라멜리 제한다. 옅은 색이 나기 시작하면, **A**를 3번에 나눠서 넣고 중불로 졸인다.

3 **2**가 1/3로 줄어들면 패션프루트 퓌레 를 넣고 다시 졸인다.

4 원래 농도로 졸인 뒤 물에 불린 판젤라 틴을 넣어 섞는다. 따뜻할 때 실리콘 시트 위에 올려 2㎜ 두께의 시트 모양 으로 만들어서 식힌다.

5 식으면 냉동보관한다.

마무리

에샬로트(다진 것)
패션프루트
비네그레트(→p.200) 조금
소금 조금
옥살리스, 플뢰르 드 셀

1 새끼돼지 햄의 다리살 30g과 족발 15g을 굵게 다진다.

2 다리살, 족발, 에샬로트, 양파소테, 패 션프루트에 비네그레트와 약간의 소금 을 넣고 버무린다.

3 캐러멜 시트를 가로세로 10㎝ 크기로 자르고 **2**를 올려서 살짝 만다.

4 샐러맨더로 살짝 데우고 옥살리스를 올린다. 플뢰르 드 셀을 뿌린다.

흑돼지 로스트와 차즈기 시트
p.62

흑돼지 로스트_ p.70

아구(오키나와산 흑돼지) 등심 605g

차즈기 주스와 시트

차즈기 100g
물 350g
그래뉴당 40g
구연산 3g
아가 8g(주스 200g 당)

1 끓는 물에 차즈기를 넣어 살짝 섞는다. 불에서 내려 5분 정도 그대로 둔 뒤 잎 전체가 녹색으로 변하면 체에 거른다.

2 걸러낸 액체를 냄비에 옮겨 담고 그래 뉴당과 구연산을 넣어 끓인다. 붉은색 으로 변하면 조금 식혀서 사용한다.

3 시트를 만든다. **2**의 주스가 따뜻할 때 200g을 덜어서 아가를 넣어 녹인 뒤 얇게 펴서 굳힌다.

캐비어 도베르진

미즈나스(중간 크기) 4개
토마토 1개
에샬로트(슬라이스) 1개 분량
타임 3줄기
마늘 1쪽
올리브유 적당량

1 미즈나스(가지)는 껍질을 벗겨 4등분
한다. 프라이팬에 올려 구운 색이 충분
히 나게 굽는다.

2 냄비에 올리브유와 반으로 잘라 으깬
마늘을 넣고 볶아서 향을 낸다.

3 2에 1의 미즈나스, 씨를 제거한 토마
토, 에샬로트, 타임을 넣고 뚜껑을 덮은
뒤 180℃ 오븐에서 20분 가열한다.

4 타임을 제거하고 로보 쿠프(Robot
Coupe)로 간다.

마무리

카카오
말린 차즈기*
참기름
* 차즈기를 트레이에 넓게 펼쳐놓고
디시워머에 넣어 말린 것.

1 차즈기 주스를 붓고 흑돼지 로스트를
놓는다.

2 차즈기 시트로 캐비어 도베르진을 싸
서 곁들이고, 카카오를 부숴서 뿌린다.
말린 차즈기로 장식하고 참기름을 떨
어뜨린다.

새끼돼지 브레제와 라디키오

p.63

새끼돼지 브레제_ p.80

캐슈넛 돼지 목살(껍질째) 477g
올리브유 적당량
가르니튀르
  라디키오 적당량
  버터 30g
  양파 주스(→p.195) 150g
  뱅 루주 소스(→p.200) 50g
  물 80g
  소금 적당량

마무리

베샤멜소스 200g
바커스치즈 35g
소금* 적당량
* 천일염(세토나이산) 사용

1 가르니튀르를 준비한다. 라디키오 위
에 베샤멜소스를 얹고 바커스치즈를
뿌린 뒤 버너로 굽는다.

2 새끼돼지 브레제는 잘라서 살짝 소금
을 뿌리고, 가르니튀르와 소금을 곁들
여서 접시에 담는다.

새끼양
|AGNEAU|

새끼양 등심 숯불구이와
헤시코 파스타
p.89

카레다뇨 숯불구이_ p.94

새끼양 등심 300g

돼지감자 글라스

돼지감자(껍질제거) 1kg
A
  우유 600g
  생크림(유지방 47%) 400g
  설탕 20g
  소금 적당량

1 돼지감자를 냄비에 넣고 **A**를 넣어 가
열한다.

2 돼지감자가 부드러워지면 1을 믹서로
갈고 파코젯 비커에 넣어 급냉시킨다.

3 제공할 때 파코젯으로 간다.

헤시코 파스타

달걀 1개
달걀노른자 2개
헤시코(고등어 소금절임) 70g
콜라투라(Colatura) 15g
세몰리나 밀가루 125g
00밀가루 125g

1 세몰리나 밀가루, 00밀가루를 볼에 넣
어 섞는다. 달걀 푼 것, 달걀노른자, 헤
시코, 콜라투라를 넣고, 손바닥으로 수
분이 잘 섞이도록 반죽하여 전체적으
로 수분을 고르게 섞는다.

2 1을 180g으로 분할해서 진공팩에 넣
고 공기를 뺀다. 그대로 냉장고에 하룻
밤 두면 반죽 전체에 수분이 고르게 퍼
진다.

3 진공팩에서 반죽을 꺼내 파스타머신으로 얇게 늘려서 탈리올리니 굵기로 만든다.

4 끓는 소금물에 넣고 알덴테로 삶는다.

말린 헤시코

헤시코(염분이 약한 것)

1 헤시코 또는 멸치 소금절임의 기름과 수분을 잘 제거한다.

2 오븐팬에 **1**을 넓게 펴고 60℃ 컨벡션 오븐에 넣어 2시간 동안 건조시킨다.

반건조 토마토

토마토(작은 것) 10개
소금 토마토 무게의 2%
트레할로스 토마토 무게의 1%

1 토마토는 껍질을 벗기고 세로로 4등분한다. 씨와 심을 제거한다.

2 **1**에 소금과 트레할로스를 뿌려서 오븐팬 위에 올린다.

3 90℃ 컨벡션오븐에 넣어 3시간 동안 건조시킨다.

초피오일

초피열매(녹색) 50g
다이하쿠 참기름 50g

1 초피열매를 밀대로 두드려서 진공팩에 넣고 다이하쿠 참기름을 부은 뒤 공기를 뺀다.

2 끓는 물에 넣고 30분 가열하여 향을 추출한다.

마무리

당근잎
플뢰르 드 셀

1 양고기를 담고 초피오일을 곁들인다. 옆쪽에 돼지감자 글라스를 함께 올린다.

2 글라스 위에 헤시코 파스타를 담고 말린 헤시코를 뿌린다.

3 반건조 토마토를 곁들이고 당근잎으로 장식한 뒤, 플뢰르 드 셀을 곁들인다.

새끼양 엉덩이살 로스트와 허브빵가루
p.90

새끼양 엉덩이살 로스트_p.100

새끼양 엉덩이살 419g
새끼양 필레미뇽 57g
새끼양 로뇽 23g
산채(고비, 두릅, 땅두릅 등) 적당량

허브빵가루

생빵가루 100g
파슬리오일(→p.190) 20g
허브멜랑주* 30g
* 타임과 로즈메리를 다져서 같은 비율로 넣고 섞은 것

1 생빵가루, 허브멜랑주, 파슬리유를 로보 쿠프에 넣고 간다.

머위 수플레 글라세

머위 생크림** 300g
프로마주 블랑 150g
달걀흰자 80g
그래뉴당 48g
시금치 퓌레*** 30g
소금 적당량
구연산 적당량
** 머위 100g과 생크림(유지방 47%) 300g을 진공팩에 넣어 공기를 빼고 끓는 물에 넣어 30분 동안 중탕으로 가열한 뒤, 얼음물로 식힌다. 그 상태로 하룻밤 두어 향이 배도록 한 뒤 체에 내려서 사용한다.
*** 시금치를 끓는 물에 살짝 데쳐 물기를 짠다. 뵈르 누아제트(Beurre noisette)와 피스타치오 페이스트를 같은 비율로 믹서에 넣고 간 다음 체에 내려 매끄럽게 만든다. 중탕으로 데운다.

1 머위 생크림을 볼에 넣고 프로마주 블랑과 비슷한 굳기로 휘핑한다.

2 달걀흰자에 그래뉴당을 넣고 단단하게 휘핑하고, **1**과 그 외의 재료를 넣어 거품기로 섞는다. 용기에 담아 냉동한다.

3 필요한 분량만 떠서 사용한다.

토마토 주스

토마토 씨

1 반건조 토마토를 만들 때 빼놓은 씨를 사용한다. 씨를 냄비에 넣고 불에 올려 52℃까지 가열한다.

2 토마토 색소와 투명한 쥐가 분리되므로, 투명한 쥐만 윤기나게 졸여서 사용한다.

마무리

프렌치머스터드
유채꽃
프렌치 소렐 적당량씩

1 자른 새끼양고기의 단면에 프렌치머스터드를 바르고, 허브빵가루를 듬뿍 올린다.

2 샐러맨더로 바삭하게 굽는다.

3 머위 수플레 글라세를 위에 조금 올리고, 유채 봉오리와 꽃, 프렌치 소렐 싹을 뿌린다.

4 토마토 주스를 부어 완성한다.

새끼양 어깨살 콩피와 양파 숯가루
p.91

콩피_p.106

새끼양 어깨살 1385g
소금 2%(27.7g)
그래뉴당* 8%(110.8g)
타임, 마늘(슬라이스) 적당량씩
다이하쿠 참기름 적당량
* 색을 보충해주고 약간의 단맛(복합적인 맛)을 내는 효과가 있다. 트레할로스도 좋지만 기름에 잘 녹지 않으므로 그래뉴당을 사용한다.

양파 마리네이드

햇양파
마리네이드액(올리브유:레몬=3:1, 소
금 적당량)

1 햇양파를 세로로 8등분하고 끓는 물
에 데쳐서 매운 맛을 제거한 뒤 살짝
익힌다.
2 익힌 양파를 마리네이드액에 넣고 1시
간 정도 절인다.

양파 주스

양파
물
소금

1 양파를 슬라이스해서 냄비에 넣고 잠
길 정도로 물을 부어 20분 정도 끓인
다. 시누아로 걸러서 눌러 짠 뒤 다시
졸인다.
2 1/10로 졸인 뒤 걸쭉해지면 소금으로
간을 한다.

양파 숯가루

양파
소금

1 양파를 슬라이스하고 마른 팬에서 진
한 색이 날 때까지 굽는다.
2 믹서로 갈아서 소금으로 간을 하고 파
코젯 비커에 넣어 냉동한다. 사용할 때
파코젯으로 간다.

마무리

플뢰르 드 셀

1 콩피를 잘라 접시에 담고 양파 마리네
이드를 5장 정도 올린다.
2 마리네이드 위에 양파 숯가루와 타임
을 올리고 양파 주스를 붓는다. 플뢰르
드 셀을 뿌린다.

가금류 &
새끼토끼
IVOLAILLE &
LAPEREAU I

뿔닭 로스트와
홋카이도 화이트아스파라거스
무스
p.111

뿔닭 로스트 _ p.126

뿔닭 다리 2개(530g), 코프르 822g
버터, 올리브유 적당량씩

화이트아스파라거스 무스

홋카이도 화이트아스파라거스(껍질을
 벗기고 1㎝ 깍둑썰기) 660g
감자(1㎝ 깍둑썰기) 30g
버터 30g
양파 에튀베(→p.200) 100g
판젤라틴 13g
생크림 (유지방 47%) 200g
소금 적당량

1 화이트아스파라거스와 감자를 버터로
살짝 볶는다. 양파 에튀베와 약간의 소
금을 넣어 수분이 빠져나오게 한다.
2 냄비 속에 쏙 들어가는 덮개를 씌우고
그 위에 다시 뚜껑을 덮어, 200℃ 오
븐에서 20분 가열한다.
3 2를 꺼내서 물에 불린 판젤라틴을 넣
어 녹인 뒤, 믹서로 5분 동안 갈아서
고운체에 내린다.
4 3을 얼음물 위에 올리고 걸쭉해지면
생크림을 넣어 소금으로 간을 한다.

샤르트뢰즈와 파슬리오일

샤르트뢰즈(그린) 500g
레몬즙 30g
증점제(쓰루린코) 5g
파슬리오일(→p.190)

1 샤르트뢰즈를 냄비에 넣고 끓여서 알
코올을 날린다. 냄비 안에 불이 붙지
않도록 주의한다.
2 1에 레몬즙과 소금, 증점제를 넣어 섞
는다.
3 2와 파슬리오일을 같은 비율로 넣고
섞는다.

데친 화이트아스파라거스

홋카이도 화이트아스파라거스 60g
소금 적당량

1 화이트아스파라거스는 껍질을 벗기
고 소금물에 데친다. 60g일 경우 2분
30초가 기준.
2 먹기 좋게 자른다.

마무리

벚꽃 소금절임
플뢰르 드 셀

1 뿔닭 가슴살을 잘라서 접시에 담는다.
2 화이트아스파라거스 무스를 곁들이고,
샤르트뢰즈와 파슬리오일을 뿌린다.
3 데친 화이트아스파라거스를 곁들이고 ,
벚꽃 소금절임과 플뢰르 드 셀을 뿌린다.

새끼토끼 프리카세와
완두콩 프랑세즈
p.112

새끼토끼 프리카세_ p.134

새끼토끼 다리살 140g
버터 15g
마늘 1쪽
다진 베이컨 16g
양파 에튀베(→p.200) 50g
화이트와인 35g
퐁 드 라프로* 100g
소금 적당량
증점제 1g
완두콩(껍질 제거) 50g
올리브유 8g

* 새끼토끼 뼈 2마리 분량을 2㎝ 크기로 자른다. 양파 1개, 당근 1/2개, 셀러리 1/2대를 2㎝ 크기로 깍둑썬다. 모두 냄비에 넣고 물 500g을 부어 가열한다. 끓으면 약불로 줄이고 거품을 걷어내면서 1시간 30분 동안 뭉근하게 끓여 체에 거른다.

마무리

유채꽃
완두콩 덩굴줄기

1 토끼고기를 잘라서 완두콩, 양파 에튀베, 베이컨, 프리카세 국물과 같이 접시에 담는다.
2. 유채꽃과 완두 줄기로 장식한다.

지비에
|GIBIER|

에조사슴 로스트와
바다 수프
p.139

에조사슴 로스트_ p.148

에조사슴 등심 700g
버터 적당량
소금 적당량

굴 포셰

굴 1개
반건조 토마토(1㎝ 깍둑썰기
　→ p.194) 10g
에샬로트(다진 것) 5g
마늘* 1/2쪽
소금 적당량
* 마늘은 올리브유를 넣고 가열하여 다진다.

1 굴은 껍질을 벗기고 소금물에 데친다.
2 1의 굴에 반건조 토마토, 에샬로트, 마늘을 넣어 섞고 소금을 적당히 넣어 간을 한다.

쥐 드 코키야주 거품

전복 60g
물 50g
우유 50g
생크림(유지방 47%) 50g

1 전복과 물을 믹서로 간다.
2 냄비에 옮겨서 불에 올리고, 끓으면 불을 줄여서 2분 동안 더 끓인다.
3 불에서 내리고 우유와 생크림을 넣은 뒤 핸드블렌더로 거품을 낸다.

마무리

당근 새싹

1 굴 포셰를 담고 에조사슴 로스트를 잘라서 올린다.
2 쥐 드 코키야주 거품을 위에 올리고, 당근 새싹을 곁들인다.

멧돼지 파르스와 레드소스
p.140

멧돼지 파르스_ p.154

멧돼지 등심 573g
소금 적당량
푸아그라 콩피 120g
파르스
　멧돼지 간 100g
　멧돼지 삼겹살 400g
　양파 에튀베(→p.200) 50g
멧돼지 쥐* 250g

* 2㎝ 크기로 깍둑썬 양파 1개, 당근 1개, 셀러리 3대를 올리브유로 잘 볶아서 접시에 덜어둔다. 2㎝ 크기로 자른 멧돼지 뼈 1kg, 멧돼지 힘줄 500g을 채소를 볶던 냄비에 넣고 충분히 볶은 다음, 채소를 다시 넣고 퐁 블랑(→p.200) 1ℓ를 부은 뒤 1번 더 끓여서 거품을 걷어낸다.

참마 소스

참마 500g
우유 200g
생크림(유지방 47%) 300g
맛국물(가쓰오부시, 다시마) 100g

1 참마는 껍질을 벗기고 데쳐서 씻은 뒤 점액질을 제거한다.
2 점액질이 없어지면 잠길 정도로 물을 부어 부드럽게 삶는다.
3 2를 믹서에 넣고 우유, 생크림, 맛국물을 넣어 간다.

멧돼지간 소스

멧돼지 육즙(→ p.157 만드는 방법 **10**)
　300g
버터 30g
멧돼지 간 20g
돼지 피 20g

1 멧돼지 육즙은 냄비에 담아 윤기가 날 때까지 졸인다.

2 버터를 넣어 몽테하고 칼로 다진 멧돼지 간과 돼지피를 넣어 섞는다.

3 체에 내려 매끄럽게 만든다.

마무리

초피가루

1 참마 소스를 접시에 올리고 따뜻하게 데운 멧돼지고기를 놓는다.

2 위에서 멧돼지간 소스를 뿌린다. 초피가루를 곁들인다.

멧돼지고기와 주키니꽃 파르스
p.141

멧돼지고기를 채운
주키니꽃 파르스_ p.158

멧돼지 다리살 150g
에샬로트(다진 것) 10g
말린 양송이 2g
소골수 10g
콩소메(→p.200) 10g
소금 2g
주키니꽃

아티초크 튀김

아티초크
식용유

1 아티초크를 손질하고 밑동부분을 슬라이스한다.

2 170℃로 가열한 기름에 바삭하게 튀긴다.

유자꽃 퓌레

유자꽃봉오리 100g
레몬즙 20g
생크림(유지방 47%)
　퓌레의 1/2 분량
소금 적당량

1 유자꽃봉오리를 진공팩에 넣고 잠길 정도로 레몬즙을 부어 공기를 뺀다.

2 100℃ 물로 5분 동안 중탕한다.

3 진공팩에서 유자꽃봉오리를 꺼내 믹서로 갈고 고운체에 내려 퓌레를 만든다.

4 3의 퓌레에 생크림을 넣고 섞는다. 소금으로 간을 한다.

마무리

노란꽃(식용)

1 멧돼지 파르스를 채운 주키니꽃을 담고 위에 아티초크 튀김을 곁들인다.

2 노란색 식용꽃을 올리고 유자꽃 퓌레를 곁들인다.

청둥오리 로스트,
순무와 가쓰오육수
p.142

청둥오리 로스트_ p.162

청둥오리(코프르와 다리 2개) 500g
올리브유 20g
버터 20g
소금 조금

순무 라구

순무 100g
다시마 10g
버터 20g
소금 적당량

1 순무는 껍질을 벗기고 세로로 8등분해서 도자기냄비에 넣는다.

2 다시마와 버터를 넣고 불에 올려 순무에서 나오는 수분으로 끓인다. 소금으로만 간을 한다.

가쓰오부시와 오리 주스

오리 퐁 블랑* 500g
가쓰오부시 50g
소금 적당량

＊ 오리 뼈 2마리 분량은 2cm 크기로 자르고, 양파 2개, 당근 1개, 셀러리 1대는 자르지 않고 통째로 칼집을 낸다. 들통냄비에 넣고 물 1ℓ를 부어 끓인다. 불을 줄이고 거품을 걷어내면서 6시간 동안 뭉근하게 끓여 체에 거른다.

1 오리 퐁 블랑을 끓여서 가쓰오부시를 넣고 불을 끈다.

2 체에 내려 소금으로 간을 한다.

미나리뿌리 튀김

미나리뿌리
식용유 적당량

1 미나리뿌리를 잘라서 160℃로 가열한 기름에 튀겨 기름기를 뺀다.

미나리 퓌레

미나리 줄기
소금, 버터 적당량씩

1 미나리줄기는 끓는 소금물에 데친 뒤, 절구에 넣고 찧어서 퓌레 상태로 만든다.

2 제공할 때 따뜻하게 데워서 소금으로 간을 하고 버터로 풍미를 낸다. 고온으로 가열하면 색이 변하므로 주의한다.

마무리

1 접시에 가쓰오부시와 오리 주스를 붓고 어슷하게 썬 청둥오리 로스트를 담는다.

2 미나리뿌리 튀김과 퓌레를 곁들인다.

3 순무 라구는 손님 테이블에서 직접 제공한다.

멧비둘기 베녜와 플랑
p.143

멧비둘기 베녜_ p.169

멧비둘기 1마리
마리네이드액
　｜ 뱅 루주 소스(→p.200) 20g
　└ 꿀 2g
박력분 적당량
베녜 튀김옷* 적당량
식용유 적당량

＊ 박력분 100g을 체에 치고 드라이이스트 10.5g을 넣어 섞는다. 여기에 맥주 135g을 한 번에 넣고 거품기로 섞는다. 비닐랩을 덮고 상온에 30분 두어 발효시킨다. 거품이 생기기 시작하면 완성.

멧비둘기 플랑

쥐 드 피종 라미에* 3
달걀 1

* 양파, 당근, 셀러리, 에샬로트(작게 깍둑썬 것 20g씩)를 올리브유로 충분히 볶아서 색을 낸다. 일단 냄비에서 꺼낸 뒤, 같은 냄비에 피가 남아 있는 멧비둘기 뼈 1마리 분량을 부숴서 넣고 채소의 감칠맛이 배게 볶는다. 충분이 볶은 뒤 꺼내둔 채소를 다시 넣는다. 화이트와인 15g으로 데글라세하고 퐁 블랑(→p.200) 300g을 넣는다. 끓으면 위에 뜨는 기름을 걷어내고 키친타월로 거른다.

1 쥐 드 피종 라미에와 달걀을 3:1의 비율로 넣고 골고루 섞은 뒤 체에 걸러 코코트에 붓는다.

2 40℃ 컨벡션오븐(스팀모드)에서 8분 가열한다.

고사리 소테

고사리(쓴맛 제거)
버터
비네그레트(→p.200)

1 쓴맛을 제거한 고사리를 버터로 볶다가 비네그레트를 뿌린다.

마무리

1 멧비둘기 플랑을 타원모양틀로 찍어서 담는다. 그 위에 멧비둘기 베녜를 올린다.

2 주위에 쥐 드 피종 라미에를 붓고 고사리 소테를 곁들인다.

들꿩과 내장 리소토
p.144

들꿩 로스트_ p.174

들꿩 1마리
버터 적당량
퐁 블랑(→p.200) 500g

들꿩 쥐_ 완성 300g

들꿩 뼈 200g
올리브유 적당량
마늘(굵게 다진 것) 1쪽
미르푸아(2㎝ 깍둑썰기)
| 양파 1/2개
| 당근 1/3개
| 셀러리 1대
| 에샬로트 1개
쥐 드 카나르* 300g
타임 적당량

* 양파, 당근, 셀러리, 에샬로트(각각 2㎝ 크기로 깍둑썬 것 20g씩)를 올리브유로 색이 날 때까지 충분히 볶는다. 일단 냄비에서 꺼내고, 같은 냄비에 피가 남아 있는 오리뼈 1마리 분량을 부숴서 넣고 볶아서 채소의 감칠맛이 배게 한다. 충분히 볶은 뒤 먼저 볶아놓은 채소를 다시 넣고 화이트와인 15g으로 데글라세한다. 퐁 블랑(→p.200) 500g을 넣는다. 끓으면 위에 뜬 기름을 제거하고 키친타월로 거른다.

1 들꿩 뼈를 잘게 자른다. 콩팥이 붙어 있어도 관계 없다.

2 냄비에 올리브유를 두르고 굵게 다진 마늘과 뼈를 넣어 센불로 볶는다. 뼈가 냄비 옆면에 달라붙게 볶는다.

3 중간에 미르푸아를 넣고 부드러워지면 쥐 드 카나르를 붓는다. 약불로 줄이고 냄비에 눌어붙은 감칠맛을 녹여낸다. 타임을 넣어 25분 가열한다.

4 끓으면 거품을 1번만 걷어내고 약불로 줄여서 미조테 상태(뭉근한 불)로 10분 동안 가열한다. 거품을 계속 걷어내면 지비에의 맛이 사라진다.

5 4를 시누아로 거르고 국자로 눌러서 꾹 꾹 짜낸다. 소금으로 간을 하고 필요하면 더 졸인다.

6 완성된 들꿩 쥐.

리소토_ 20인분

> 현미 180cc
> 물 250g
> 들꿩 쥐 200g
> 버터 적당량
> 들꿩 내장(똥집, 염통, 간) 50g

1 버터 30g을 넣고 현미를 볶는다. 물을 넣고 중불로 끓인다.

2 뚜껑을 닫고 200℃ 오븐에서 15분 가열한 뒤, 꺼내서 따뜻한 곳에 두고 15분 동안 뜸을 들인다.

3 들꿩 내장을 손질해서 버터로 볶은 뒤 으깬다. 냄새가 강할 경우에는 간을 사용하지 않는 것이 좋다.

4 들꿩 쥐와 **2**의 현미를 섞어서 끓인다. 끓으면 버터 50g을 넣고 **3**의 내장을 섞어서 완성한다.

산머루 소스

> 산머루 적당량
> 그래뉴당 산머루 분량의 5%
> 증점제(쓰루린코) 발효시킨 산머루 주스 분량의 1%

1 산머루를 씻어서 물기를 제거한 뒤 으깬다.

2 5% 분량의 그래뉴당을 넣어 밀봉하고, 냉장고에서 2주일 동안 발효시킨다.

3 사용할 분량을 덜어서 1% 분량의 점증제를 섞어 걸쭉하게 만든다.

마무리

> 차이브

1 리소토를 접시에 담는다. 접시 안쪽에 산머루 소스를 곁들인다.

2 리소토 위에 들꿩 가슴살과 다리를 올리고 차이브를 얹는다.

직박구리 숯불구이와 야생귤
p.145

직박구리 숯불구이_ p.180

> 직박구리
> 버터 적당량
> 소금 적당량

귤 그리예

> 야생귤
> 버터

1 귤을 반으로 자르고 단면에 버터를 발라 프라이팬에 굽는다.

귤크림 파우더

> 귤* 2개
> 달걀노른자 1개
> 달걀 1개
> 설탕 50g
> 콘스타치 10g
> 버터 100g
> * 겉껍질은 갈고 과즙은 짜놓는다.

1 달걀노른자, 달걀, 설탕을 볼에 넣고 하얗게 변할 때까지 거품기로 섞는다.

2 체에 친 콘스타치를 넣고 섞은 뒤 귤즙을 넣는다.

3 냄비에 옮겨 담고 가열하면서 윤기가 날 때까지 거품기로 섞는다.

4 시누아로 걸러서 귤껍질을 넣는다. 여기에 버터를 조금씩 넣고 섞어서 크림 상태로 만든다.

5 4를 얼린 뒤 듬성듬성 자른다. 자른 것을 다시 액체질소 속에 넣어 얼리고, 푸드프로세서로 갈아서 파우더 상태로 만든다.

마무리

> 당근잎(뿌리째)

1 직박구리고기 1장을 2등분해서 접시에 담는다.

2 귤 그리예와 당근잎으로 장식하고, 귤크림 파우더를 뿌린다.

기본
|BASE|

퐁 블랑
완성 12ℓ

소뼈 4kg
닭(노계) 4kg
소고기 사태 4kg
소고기(다리 힘줄 부분) 2kg
소골수 2kg
물 16ℓ
당근 2개
양파 3개
셀러리 2대
마늘 1/2통
홀토마토 1kg

1 힘줄 부분의 소고기는 가로세로 2㎝ 크기로 깍둑썬 뒤 삶아서 거품을 제거한다. 그 밖의 고기와 뼈도 2㎝ 크기로 깍둑썰기한다. 당근, 양파, 셀러리, 마늘은 자르지 않고 표면에 칼집을 낸다.
2 들통냄비에 1과 홀토마토를 넣고 잠길 정도로 물을 부어서 끓인다. 불을 줄인 뒤 거품을 걷어내며 6시간 동안 뭉근하게 끓여서 체에 거른다.

콩소메
완성 8ℓ

퐁 블랑 12ℓ
달걀흰자 14개 분량
소고기 다리살(다짐육) 720g
양파(얇게 썬 것) 3개 분량
셀러리(얇게 썬 것) 2대 분량
당근(얇게 썬 것) 1개 분량
빨강 파프리카(얇게 썬 것) 1개 분량
토마토 1개
태운 양파* 둥글게 썬 것 1장
타임 3줄기
에스트라곤 2줄기
* 양파를 4등분으로 둥글게 썰고 프라이팬에 올려 양면을 새까맣게 태우듯이 굽는다.

1 들통냄비에 소고기 다리살, 양파, 셀러리, 당근, 빨강 파프리카, 으깬 토마토를 넣고 손으로 골고루 섞는다. 달걀흰자를 풀어서 넣고 골고루 섞는다.
2 퐁 블랑을 체온 정도로 데워서 1에 조금씩 넣는다. 중불로 끓이다가 거품이 올라오면 걷어낸다. 태운 양파, 타임, 에스트라곤을 넣는다.
3 액체가 대류할 정도의 불세기로 조절하여 4시간 동안 끓인다.
4 탁해지지 않도록 조심스럽게 국자로 떠서 체에 거른다.

뱅 루주 소스
완성 200g

레드와인 720g
콩소메 800g
에샬로트(다진 것) 2개 분량
마늘(다진 것) 1쪽 분량
버터 10g

1 냄비에 버터와 마늘을 넣고 가열한다. 향이 나면 에샬로트를 넣고 부드러워질 때까지 볶는다.
2 레드와인을 1의 냄비에 붓고 에샬로트가 보일 때까지 졸인다.
3 콩소메를 넣고 다시 졸인다. 표면에 윤기가 나면 불에서 내려 체에 거른다.

비네그레트

A
올리브유 600g
레드와인식초 200g
소금 20g
에샬로트(다진 것) 80g

1 A를 핸드블렌더로 골고루 섞는다. 에샬로트를 넣고 냉장보관한다.

양파 에튀베

양파(얇게 썬 것) 적당량
올리브유 적당량

1 냄비에 올리브유를 두르고 양파가 색깔이 변하지 않도록 주의하면서 부드럽게 볶는다.

마늘향 올리브유

마늘
올리브유

1 마늘을 진공팩에 넣고 올리브유를 붓는다.
2 공기를 빼고 끓는 물에 15분 담가둔 뒤 꺼내서 하룻밤 그대로 둔다.

조리용어 해설

00밀가루 이탈리아의 연질밀가루 중 가장 정백도가 높은 밀가루.

경산우 새끼를 분만한 경험이 있는 암소.

그리예(griller) 석쇠에 굽는 것.

글라스(glace) 젤리 상태로 졸인 육수 또는 아이스크림.

다이하쿠[太白] 참기름 일본 다케모토유지에서 만든 참깨를 볶지 않고 짜낸 생참기름.

데글라세(déglacer) 고기나 생선을 구운 다음 구운 냄비에 액체를 부어 냄비에 눌러붙어 있는 육즙을 녹이는 것.

로보 쿠프(robot-coupe) 식재료를 자르고, 잘게 썰고, 가는 기능이 있는 기계.

리솔레(rissoler) 살짝 구워 갈색을 내는 것.

몽테(monter) 소스 등을 만들 때 마지막에 버터 등을 넣고 섞어서 농도를 맞추고 풍미와 윤기를 주는 것.

미르푸아(mirepoix) 양파, 당근, 셀러리 등의 향미채소. 또는 그것을 잘게 다진 것.

미조테(mijoter) 아주 약한 불로 뭉근히 끓이는 것.

미즈나스(みずなす) 가지 종류. 수분이 많고 떫은맛이 없어서 생식할 수 있다.

미퀴(mi-cuit) 반만 익히는 것.

바커스(bacchus) 치즈 일본 나가노현 시미즈 목장에서 키운 브라운스위스 소의 젖으로 만든 경질치즈. 10개월 이상 장기숙성하여 견과류의 고소한 맛, 우유의 단맛, 감칠맛이 풍부하다.

베녜(beignet) 밀가루에 우유·계란 노른자·거품 낸 흰자위를 섞어 과일·야채·생선 등에 옷을 입혀 튀긴 프랑스식 튀김요리.

뵈르 누아제트(beurre noisette) 버터가 갈색이 되는 것.

브레제(braiser) 냄비에 육류, 생선, 채소, 약간의 국물을 넣고 뚜껑을 덮어 쪄내는 요리.

비육 주로 고기를 생산하기 위하여 운동을 제한하거나 질이 좋은 사료를 주어 가축을 살이 찌게 기르는 것.

샐러맨더(salamander) 열원이 위에 있어 음식물을 익히거나 색을 낼 때 사용하는 도구.

샤르트뢰즈(chartreuse) 약초로 만든 프랑스의 전통적인 리큐어.

샤토브리앙(chateaubriand) 두툼한 안심 스테이크.

서스테이너빌리티(sustainability) 지속가능성. 여기서는 음식에서의 지속가능성을 의미한다. 원래 먹을 수 있는 식재료인데 버려지는 식품 폐기물을 줄이기 위해, 육질이 떨어져서 식재료로 사용하지 않던 경산우를 사용하여 맛있는 요리를 만드는 것을 말한다.

세몰리나 밀가루 듀럼밀을 굵게 간 밀가루.

소리레스(sot-l'y-laisse) 다리 위쪽에 있는 엉덩뼈의 움푹 패인 곳에 붙어 있는 둥근 근육.

소뮈르(saumur)액 훈제할 때 식재료를 절이는 소금물. 피클액을 말하기도 한다.

수플레 글라세(soufflé glacé) 수플레 모양과 비슷하게 만든 빙과.

시즐레(ciseler) 생선 등이 골고루 익도록 칼집을 내는 것.

쓰루린코(つるりんこ) 일본 모리나가유업에서 만든 증점제.

아가(agar) 한천, 카라기난 등의 해조류를 원료로 만든 겔화제.

아로제(arroser) 재료를 구울 때 나오는 육즙이나 기름을 끼얹어서 재료가 마르지 않게 하는 것.

쥐(jus) 가열하여 얻은 육즙소스.

쥐 드 코키야주(jus de coquillage) 조개 육즙소스.

쥐 드 피종 라미에(jus de pigeon ramier) 멧비둘기 육즙소스.

쥐 드 카나르(jus de canard) 오리 육즙소스.

캐비어 도베르진(caviar d'aubergine) aubergine은 프랑스어로 가지를 말하는데, 가지 씨를 캐비어처럼 보이게 만든 요리. 남프랑스에서 많이 먹는다.

코키야주(coquillage) 조개 또는 조개껍데기.

코프르(coffre) 뼈가 붙어 있고 양쪽의 가슴살이 이어져 있는 상태.

콜라투라(colatura) 이탈리아식 멸치액젓.

탈리올리니(tagliolini) 너비가 2mm 정도인 파스타.

트레할로스(trehalose) 옥수수 등의 전분에 효소를 작용시켜 만든 당질. 설탕 대체품으로 쓴다.

파르스(farce) 고기나 생선, 채소 등에 속을 채워 넣은 것. 또는 속에 넣는 재료.

파코젯(pacojet) 극세분쇄기.

페페로나타(peperonata) 피망, 양파, 토마토, 올리브유를 섞은 이탈리아의 전통 스튜 또는 소스.

포셰(pocher) 액체에 재료를 넣고 끓기 직전의 온도를 유지하며 익히는 것.

퐁 블랑(fond blanc) 화이트 스톡.

퐁(fond) 고기와 생선을 넣어 끓인 맛국물.

프로마주 블랑(fromage blanc) 신맛이 나는 프랑스의 프레시치즈.

프리카세(fricassée) 화이트소스로 만드는 닭고기나 송아지 조림.

플랑(flan) 둥근 모양으로 보통 커스터드에 과일, 야채, 고기 등을 갈아서 또는 작게 썬 것을 섞어서 만드는 과자.

플랑베(flamber) 알코올을 뿌리고 불을 붙여서 알코올 성분을 날리는 것.

플뢰르 드 셀(fleur de sel) 프랑스의 해안가에서 수작업으로 생산되는 소금.

피슬레(ficeler) 로스트하거나 익힐 식재료가 조리 중에 모양이 흐트러지지 않도록 실로 묶는 것.

헤시코(へしこ) 고등어 소금절임.

가와테 히로야스 Kawate Hiroyasu

1978년 도쿄 출생. 고마바학원고등학교 음식과를 졸업한 뒤 프랑스요리를 배우기 시작하였다. 「에비스 QED클럽」, 「OHARA ET CIE」 등을 거쳐 「Le Bourguignon」 에서 기쿠치 요시나루[菊地美升] 셰프에게 요리를 전수 받고 수셰프(부주방장)가 되었다. 그 후 2006년에 프랑스로 건너가 몽펠리에의 「Le Jardin des Sens」에서 경험을 쌓은 뒤, 귀국해서 도쿄 시로카네다이 「Quintessence」의 수셰프를 거쳐 2009년 도쿄 미나미아오야마에 「Florilège」를 오픈하고 오너 셰프가 되었다.

2015년 진구마에로 이전하면서 레스토랑 중앙에는 무대가 연상되는 오픈 키친을 설치하고, 그 주위로 넓은 카운터석을 배치하여 극장의 관람객이 된 것처럼 주방을 바라보며 식사할 수 있게 만들었다. 요리는 런치 7품, 디너 11품으로 계절감이 느껴지는 재료로 만든 요리를 선보이고 있다.

일본은 물론 아시아나 유럽 셰프들과도 교류하며, 서로의 레스토랑에서 콜라보 이벤트를 자주 진행한다. 일본이라는 필드를 벗어난 장소에서 일본의 식재료로 만든 프렌치요리를 국경 너머까지 널리 전파하고 있다.

Florilège
150-0001
東京都渋谷区神宮前2-5-4 SEIZAN外苑 B1
☎ +81-3-6440-0878
http://www.aoyama-florilege.jp

과학의 시선(p.14~18)_ 사토 히데미[佐藤秀美] 학술박사. 요코하마국립대학 졸업 후, 9년 동안 전기메이커에서 조리기기 연구개발에 종사. 그 뒤 오차노미즈여자대학 대학원 석사·박사 과정을 수료. 현재는 수의생명과학대학에서 객원교수로 활동 중이다. 저서로 「맛을 만드는 '열'의 과학」, 「영양 비결의 과학」, 「조리의 비결과 과학」 등이 있다.

일본어판 스태프_ 촬영 아마가타 하루코 **| 디자인** 나카무라 요시로(yen) **| 편집** 사토 준코

고기굽기의 기술

펴낸이 유재영 | **펴낸곳** 그린쿡 | **지은이** 가와테 히로야스 | **옮긴이** 용동희
기 획 이화진 | **편 집** 박선희 | **디자인** 정민애

1판 1쇄 2018년 10월 10일
1판 6쇄 2024년 10월 31일
출판등록 1987년 11월 27일 제10-149
주소 04083 서울 마포구 토정로 53 (합정동)
전화 324-6130, 6131
팩스 324-6135
E메일 dhsbook@hanmail.net
홈페이지 www.donghaksa.co.kr
　　　　　www.green-home.co.kr
페이스북 www.facebook.com/greenhomecook
인스타그램 www.instagram.com/__greencook

ISBN 978-89-7190-664-4 13590

- 이 책은 실로 꿰맨 사철제본으로 튼튼합니다.
- 잘못된 책은 구매처에서 교환하시고, 출판사 교환이 필요할 경우에는 사유를 적어 도서와 함께 위의 주소로 보내주세요.

옮긴이_ 용동희 다양한 분야를 넘나들며 활동하는 푸드디렉터. 메뉴 개발, 제품 분석, 스타일링 등 활발한 활동을 이어가고 있다. 현재 콘텐츠 그룹 CR403에서 요리와 스토리텔링을 담당하고 있으며, 그린쿡과 함께 일본 요리책을 한국에 소개하는 요리 전문 번역가로도 활동하고 있다.

GREENCOOK은 최신 트렌드의 디저트, 브레드, 요리는 물론 세계 각국의 정통 요리를 소개합니다.
국내 저자의 특색 있는 레시피, 세계 유명 셰프의 쿡북, 한국·일본·영국·미국·이탈리아·프랑스 등 각국의 전문요리서 등을 출간합니다.
요리를 좋아하고, 요리를 공부하는 사람들이 늘 곁에 두고 보고 싶어하는 요리책을 만들려고 노력합니다.

THE MEA

ROASTIN

TECHNIQUE O

FRENCH CUISIN